应用型大学工程训练系列教材

U0316233

工程训练

非工科类

主编／韦相贵　　副主编／黎泉　张科研　刘科明

清华大学出版社
北京

内 容 简 介

本书为高校对文理科学生开展工程训练而编写。作者结合多年工程实践教学经验，以机械装置中应用较多的法兰盘零件为主线，经过结构优化、整合编写而成。全书共分 10 章，内容包括工程技术概述，机械识图基础，液态成形，塑性成形，焊接成形，车削加工，铣削、磨削加工，钳工，先进制造技术，电工基础等。

本书主要面向文理科各专业学生开展工程训练教学和实训指导，并可作为有关专业工程技术人员、技术工人和中等职业学校师生的参考用书。

图书在版编目（CIP）数据

工程训练：非工科类/韦相贵主编. —北京：清华大学出版社，2017

（应用型大学工程训练系列教材）

ISBN 978-7-302-48011-2

Ⅰ．①工…　Ⅱ．①韦…　Ⅲ．①机械制造工艺－高等学校－教材　Ⅳ．①TH16

中国版本图书馆 CIP 数据核字（2017）第 207692 号

责任编辑：赵　斌
封面设计：常雪影
责任校对：刘玉霞
责任印制：王静怡

出版发行：清华大学出版社
　　　　　网　　　址：http://www.tup.com.cn，http://www.wqbook.com
　　　　　地　　　址：北京清华大学学研大厦 A 座　　　　　邮　　编：100084
　　　　　社　总　机：010-62770175　　　　　　　　　　　邮　　购：010-62786544
　　　　　投稿与读者服务：010-62776969，c-service@tup.tsinghua.edu.cn
　　　　　质量反馈：010-62772015，zhiliang@tup.tsinghua.edu.cn
印　装　者：北京鑫海金澳胶印有限公司
经　　　销：全国新华书店
开　　　本：185mm×260mm　　印　张：12.25　　　　　字　　数：297 千字
版　　　次：2017 年 8 月第 1 版　　　　　　　　　　　印　　次：2017 年 8 月第 1 次印刷
印　　　数：1～3500
定　　　价：29.80 元

产品编号：075532-01

前言

FOREWORD

本书是为高校对文理科学生开展工程训练而编写，目的是让学生了解常规制造和先进制造，并对电工常识有初步的了解。同时，培养学生的工程素养，拓展学科视野，体验工程文化，感受工匠精神，初步解决对工程学科"隔行如隔山"的问题，力求做到"隔行不隔理"。本书作者结合多年工程实践教学经验，以机械装置中应用较多的法兰盘零件为主线，经过结构优化、整合编写而成。全书共分工程技术概述，机械识图基础，液态成形，塑性成形，焊接成形，车削加工，铣削、磨削加工，钳工，先进制造技术和电工基础等 10 章。

本书主要有以下特点：

（1）编写目标明确，以法兰盘零件为主线，让学生对零件的加工生产有初步了解；

（2）在编写中坚持"少而精"的原则，突出针对性、典型性和实用性；

（3）全书各章采用问题导入，深入浅出、直观形象；

（4）为确保实习中的安全，本书在编写中对相关技能训练有针对性地作了安全知识介绍。

本书主要面向文理科各专业学生，适用于普通高等院开展工程训练实践教学和实习指导，并可作为有关专业工程技术人员、技术工人和中等职业学校的参考用书。

本书由钦州学院韦相贵教授担任主编。参加本书编写的有：黎泉（第 1.2 节、第 3 章）、张科研（第 1.3 节、第 4 章）、蒋庆华（第 1.1 节）、韦相贵（第 2 章）、宾凯（第 5 章）、王海霞（第 6 章）、贾广攀（第 7、8 章）、刘科明（第 9.1 节、第 9.3.1 节、第 9.3.2 节、第 9.4 节）、刘浩宇（第 9.2 节）、王帅帅（第 9.3.3 节、第 9.3.4 节）、席红霞（第 10 章）等一线实践教学老师。本书由傅水根教授担任主审。

由于编者水平有限，书中难免出现错误与不妥之处，敬请有关专家与读者批评指正。

编　者
2017 年 6 月

目录

CONTENTS

第1章

工程技术概述

问题导入

图 1-1 所示是生产企业及日常生活中一些含有法兰盘的设备。从图中可以看到不少管路与设备相连接的零件——法兰。法兰又叫法兰盘或突缘盘,是使管子与管子、管子与设备相互连接的零件,连接于管端。法兰上有孔眼,通过螺栓使两法兰紧紧相连。法兰在管道工程中最为常见,一般都是成对使用。我们把带有法兰(突缘或接盘)的管件称为法兰管件。法兰广泛应用于机械制造、水利、电力、电站、管道配件、压力容器、化工厂、造船厂等领域,在管道工程中起到重要的承接作用。

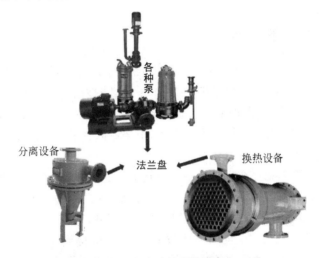

各种泵

分离设备　　　　法兰盘　　　换热设备

图 1-1　含法兰盘的设备

像法兰盘这样的机械产品是如何生产出来的?我们生活中形形色色的工具、器械、日用品,它们是由哪些材料经过怎样的工艺制作而成的呢?带着这些问题,我们一起来探索工程技术的奥秘吧!

1.1　工业生产概述

1.1.1　工业系统概述

广义上讲,工业是指采掘自然物质资源,对工业原料和农业原料进行加工的社会活动。

狭义上讲,工业仅指加工工业,即制造业。工业是社会分工发展的产物,经过了手工业、机器大工业、现代工业等几个发展阶段。在古代社会,手工业只是农业的副业,经过漫长的历史过程后,工业终于成为独立的生产部门。如今,工业已成为国民经济中最重要的物质生产部门之一,是生产现代化劳动手段的部门,决定着国民经济现代化的速度、规模和水平,在当代世界各国国民经济中起着主导作用。工业还是国家财政收入的主要源泉,是国家政治独立、经济自主、国防现代化的根本保证。

系统是由两个或两个以上相互联系、相互作用的物质或工程组成的具有整体功能和综合行为的有机整体。系统具有集合性、整体性、相关性、目的性、阶层性和环境适应性的特征。例如:一台机组、一家企业、一项计划、一种组织、一套制度等均可以构成一个系统。每个工业部分可以构成一个系统,整个工业可以看成一个系统,一个国家的国民经济也可以看成一个大系统。

整个工业系统包括能源和原材料提供、生产(加工)过程、产品销售、残值回收等,系统的各个部分是相互关联的。重工业产品是实现社会扩大再生产的物质基础,但是重工业的发展亦受到轻工业发展的制约,因为重工业的发展离不开轻工业提供的消费品,特别是离不开轻工业提供的资金和广大市场。轻工业的发展速度和规模受重工业提供的劳动对象、劳动手段的规模所制约。因此,轻工业和重工业(以及农业)应该有一个合理的比例关系,才能促进整个国民经济的顺利发展。

1.1.2　全面质量管理

全面质量管理早期称为 TQC(total quality control),之后逐渐发展而演化成为 TQM(total quality management)。菲根堡姆于 1961 年在其《全面质量管理》一书中首先提出了全面质量管理的概念:"全面质量管理是为了能够在最经济的水平上,考虑到充分满足用户要求的条件下进行市场研究、设计、生产和服务,把企业内各部门研制质量、维持质量和提高质量的活动构成为一体的一种有效体系。"

菲氏的全面质量管理观点在世界范围内得到了广泛的接受。但各个国家在实践中都结合自己的实际进行了创新。特别是 20 世纪 80 年代后期以来,全面质量管理得到了进一步扩展和深化,其含义远远超出一般意义上的质量管理领域,成为一种综合的、全面的经营管理方式和理念。在这一过程中,全面质量管理的概念也得到了进一步的发展。1994 版 ISO9000 族标准中对全面质量管理的定义为:一个组织以质量为中心,以全员参与为基础,目的在于通过让顾客满意和本组织所有成员及社会受益而达到长期成功的管理途径。这一定义反映了全面质量管理概念的最新发展,也得到了质量管理界的广泛共识。

全面质量管理在我国也得到一定的发展。我国专家总结实践经验,提出了"三全一多样"的观点(如图 1-2 所示),即认为推行全面质量管理必须要满足全过程的质量管理、全员的质量管理、全企业的质量管理和多方法的质量管理等基本要求。总之,为了实现质量目标,必须综合应用各种先进的管理方法和技术手段,必须善于学

图 1-2　"三全一多样"组成

习和引进国内外先进企业的经验,不断改进本组织的业务流程和工作方法,不断提高组织成员的质量意识和质量技能。

上述"三全一多样",都是围绕着"有效地利用人力、物力、财力、信息等资源,以最经济的手段生产出顾客满意的产品"这一企业目标,这是我国企业推行全面质量管理的出发点和落脚点,也是全面质量管理的基本要求。坚持质量第一,把顾客的需要放在第一位,树立为顾客服务、对顾客负责的思想,是我国企业推行全面质量管理贯彻始终的指导思想。

1.1.3　机电一体化生产

机电一体化技术是将机械技术、电工电子技术、微电子技术、信息技术、传感器技术、接口技术、信号变换技术等多种技术进行有机地结合,并综合应用到实际中的综合技术。机电一体化系统一般由机械本体、检测传感部分、电子控制部分、执行器和动力源 5 个组成部分构成,如图 1-3 所示。

1．机械本体

机械本体包括机架、机械连接、机械传动等,是机电一体化的基础,起着支撑系统中其他功能单元、传递运动和动力的作用。与纯粹的机械产品相比,机电一体化系统的技术性能得到提高、功能得到增强。这就要求机械本体在机械结构、材料、加工工艺性以及几何尺寸等方面能够与之相适应,具有高效、多功能、可靠和节能、小型、轻量、美观等特点。

2．检测传感部分

检测传感部分包括各种传感器及信号检测电路,其作用就是检测机电一体化系统工作过程中本身和外界环境有关参量的变化,并将信息传递给电子控制单元,电子控制单元根据检查到的信息向执行器发出相应的控制。

传感器一般由敏感元件、转换元件、基本转换电路三部分组成,如图 1-4 所示。

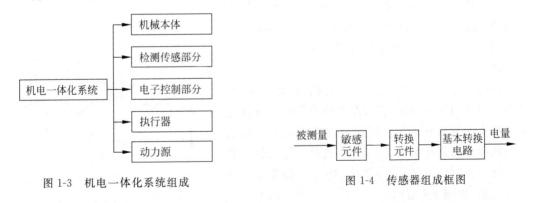

图 1-3　机电一体化系统组成　　　　　　图 1-4　传感器组成框图

3．电子控制部分

电子控制单元(electrical control unit,ECU)是机电一体化系统的核心,负责将来自各传感器的检测信号和外部输入命令进行集中、存储、计算、分析,根据信息处理结果,按照一定的程度和节奏发出相应的指令,控制整个系统有目的地运行。

电子控制单元包括可编程控制器、可编程调节器、总线式工控机、单片微型计算机等,其中可编程控制器结构如图1-5所示。

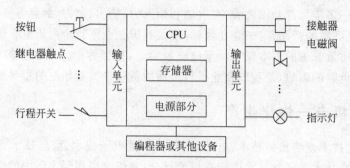

图1-5　可编程控制器结构简图

4. 执行器

执行器的作用是根据电子控制单元的指令驱动机械部件的运动。执行器是运动部件,通常采用电力驱动、气压驱动和液压驱动等三种方式。电动执行机构一般由减速器、伺服电动机、位置发送器等组成,如图1-6所示。

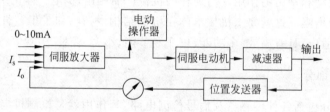

图1-6　电动执行机构组成框图

5. 动力源

动力源是机电一体化产品能量供应部分,其作用是按照系统控制要求向机械系统提供能量和动力,使系统正常运行。其中,提供能量的方式包括电能、气能和液压能,以电能为主。

机电一体化是机械、电子、光学、控制、计算机、信息等多学科的交叉综合,它的发展和进步依赖并促进相关技术的发展和进步。纵观国内外机电一体化的发展现状和高新技术的发展动向,机电一体化将朝着智能化、模块化、网络化、微型化、环保化和系统化等方向发展,如图1-7所示。

图1-7　机电一体化技术的发展趋势

1.1.4　安全生产与环境保护

1. 安全生产

安全生产是指采取一系列措施使生产过程在符合规定的物质条件和工作秩序下进行,

有效消除或控制危险和有害因素,无人身伤亡和财产损失等生产事故发生,从而保障人员安全与健康、设备和设施免受损坏、环境免遭破坏,使生产经营活动得以顺利进行的一种状态。

安全生产是安全与生产的统一,其宗旨是安全促进生产,生产必须安全。搞好安全工作,改善劳动条件,可以调动职工的生产积极性;减少职工伤亡,可以减少劳动力损失;减少财产损失,可以增加企业效益,促进生产的发展;而生产必须安全,则是因为安全是生产的前提条件,没有安全就无法正常生产。

2．环境保护

环境保护一般是指人类为解决现实或潜在的环境问题,协调人类与环境的关系,保护人类的生存环境、保障经济社会的可持续发展而采取的各种行动的总称。通过采取行政、法律、经济、科学技术等多方面的措施,保护人类生存的环境不受污染和破坏。还要依据人类的意愿保护和改善环境,使它更好地适合于人类劳动和生活以及自然界中生物的生存,消除那些破坏环境并危及人类生活和生存的不利因素。

环境保护所要解决的问题大致包括两个方面的内容:一是保护和改善环境质量,保护人类身心的健康,防止机体在环境的影响下变异和退化;二是合理利用自然资源,减少或消除有害物质进入环境,以及保护自然资源(包括生物资源)的恢复和扩大再生产,以利于人类生命活动。

3．安全生产与环保之间的辩证关系

世界各国的历史已经表明,在安全生产与环境变化之间有一个共同的规律:一个国家在工业化进程中必然会产生环境污染,同时随国内生产总值(gross domestic product,GDP)的高速增长,污染水平逐渐升高,尤其体现在重工业时代。但当 GDP 增长到一定程度后,产业结构优化以及居民环境支付意愿增强,污染水平会出现下降的趋势。当污染水平到达转折点后,反而会随着 GDP 的增长急转向下,直至污染水平重新回到环境容量之下。在日本的经济发展过程中,就印证了这一规律。那么,我们应该持一种怎样的生态环保观和企业安全生产观呢? 环保和安全生产是一对不可调和的矛盾体吗? 答案是否定的,首先,它们的目标是一致的,都是为了人类的生存;其次,科学的生态环保和安全生产能够做到对立统一。

1.2　机械制造基本知识

1.2.1　机械工程简史

关于机械工程发展史,在许多研究机械工程史著作中将其分为三个阶段:古代机械工程史、近代机械工程史、现代机械工程史。鉴于篇幅缘故,本章只介绍现代机械工程史。

1．现代世界机械工程发展史

第二次世界大战前的 40 年,机械工程发展的主要特点是:继承 19 世纪延续下来的传统技术,并不断改进、提高和扩大应用范围。例如,农业和采矿业的机械化程度有了显著的提高,动力机械功率增大,效率进一步提高,内燃机的应用普及到几乎所有的移动机械。随

着工作母机设计水平的提高及新型工具材料和机械式自动化技术的发展,机械制造工艺的水平有了极大的提高。美国人 F. W. 泰勒首创的科学管理制度,在 20 世纪初开始在一些国家广泛推进,对机械工程的发展起了推动作用。

第二次世界大战以后的 30 年间,机械工程的发展特点是:除原有技术的改进和扩大应用外,与其他科技领域的广泛结合和相互渗透明显加深,形成了机械工程许多新的分支,机械工程的领域空前扩大,发展速度加快。这个时期,核技术、电子技术、航空航天技术迅速发展,生产和科研工作的系统性、成套性、综合性大大增强。机器的应用几乎遍及所有的生产部门和科研部门,并深入到生活和服务部门。

进入 20 世纪 70 年代以后,机械工程与电工、电子、冶金、材料、化学、物理和激光等技术相结合,创造了许多新工艺、新材料和新产品,使机械产品精密化、高效化以及制造过程的自动化。

2．现代中国机械工程发展史

1949 年新中国诞生之时,恰逢世界上电子、原子能和计算技术等现代科学技术兴起并迅速发展,推动我国迅速进入现代机械时期。在中国共产党的领导下,中国机械工业和科学技术迅速摆脱对帝国主义的依赖,大力纠正旧中国留下的工业布局、结构和比例上的不合理现象,建立起独立自主的机械工业。很快,新中国便自己生产飞机、轮船、机车、汽车、机床和各种工程机械,并进一步建立了门类比较齐全的机械工业体系,为许多工业部门提供成套机械设备,还生产了一批大型、精密的机械产品,有力地支援了农业、国防工业和尖端科学技术的发展。

新中国的机械工业系统,已形成自己的机械研究、设计和制造力量。在一千多万机械职工队伍中已有五十多万工程技术人员。许多研究单位、工厂企业和高等院校都已具备研究和设计能力。许多单位或部门还建立现代机械研究中心,解决了机械工业中的许多重大科研课题。其中,很多科研成果和机械产品已经达到或接近国际先进水平。我国生产的机械产品已出口到一百多个国家和地区,在国际市场上赢得了声誉。同时,紧跟现代科学技术潮流,许多新兴学科和边缘学科也在蓬勃发展,且已取得了重大进展。

此外,新中国的机械工程教育蒸蒸日上,通过职业培训和业余教育,广大职工的知识得以更新,科技水平和文化素养都有所提高,同时通过高校教育培养了一批又一批高质量的中、高等机械科学技术人才,他们都在日后的工作中发挥了更大的作用。

1.2.2　机械制造生产

机械产品是指机械生产企业向用户或市场所提供的成品或附件,如汽车、发动机、机床等。任何机械产品按传统习惯都可以看作由若干部件组成,而部件又可分为组件、套件,直至最基本的零件单元,如图 1-8 所示。机械产品的生产流程是指把原材料变为成品的全过程,它一般包括生产与技术准备、零件加工、产品装配和生产服务。机械产品的制造过程主要包括工艺设计、零件加工、检验、装配、入库等环节。

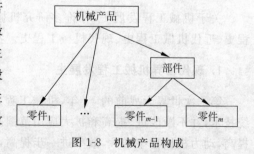

图 1-8　机械产品构成

1. 工艺设计

工艺设计的基本任务是保证生产的产品能符合设计的要求,制定优质、高产、低耗的产品制造工艺规程,以及产品试制和正式生产所需要的全部工艺文件,包括对产品图纸的工艺分析和审核、拟定加工方案、编制工艺规程、工艺装备的设计和制造等。

2. 零件加工

零件的加工包括毛坯的生产,以及通过对毛坯进行各种机械加工、特种加工和热处理等。毛坯的生产方法主要有铸造、锻造、焊接等。

常用的机械加工方法有车削加工、铣削加工、磨削加工、钻削加工、刨削加工、镗削加工、拉削加工、数控机床加工和钳工加工等。此外,还有各种特种加工方法,主要有电火花成形加工、电火花线切割加工、电解加工、激光加工、超声波加工等。

根据编制的工艺规程以及所选原材料力学性能的不同,在产品的加工过程中有时还需对其进行热处理。常用的方法有正火、退火、回火、淬火、时效、调质等。

3. 检验

检验是指采用测量器具对毛坯、零件、成品等进行尺寸精度、形状精度、位置精度和表面粗糙度的检测,以及通过目视检验、无损探伤、机械性能试验及金相检验等方法对产品质量进行的鉴定。

4. 装配

将零件和部件进行配合及连接之后,再系统地进行调试,使之成为半成品或成品的过程称为装配。常见的装配工作内容包括清洗、连接、校正与配作、平衡、验收、试验等。

5. 入库

为防止企业生产的成品、半成品及各种物料遗失或损坏,将其放入仓库进行保管,称为入库。

1.2.3　测量技术

测量是将被测量物的几何量值与测量单位或标准量在量值上进行比较,从而求出二者比值的实验过程。测量的结果即被测量的具体数值。若被测几何量为 L,所用的计量单位为 u,确定的比值为 q,则基本的测量公式为

$$L = qu$$

例如,用游标卡尺来测量一轴径,就是将被测量对象(轴的直径)用特定测量方法(游标卡尺)与长度单位(mm)相比较。若其量值为 30.52mm,那么 mm 就是计量单位,数字30.52 就是以 mm 为计量单位时该轴径的数值。

而检验就是确定产品是否满足设计要求的过程,即判断产品合格性的过程。检验只能得到被检验对象合格与否的结论,不能得到其具体的量值。但检验效率高、成本低,故在大批量生产中得到广泛应用。

一个完整的测量过程应包括四个要素:被测对象、计量单位、测量方法和测量精度。

（1）被测对象：在几何量测量中，被测对象是指长度、角度、表面粗糙度和几何形状等。

（2）计量单位：用以度量同类值的标准量。我国法定计量单位中，长度单位以米（m）为基本计量单位，机械制造中常用的单位有毫米（mm）、微米（μm）和纳米（nm）。平面角的角度单位是弧度（rad）、微弧度（μrad）及度（°）、分（'）、秒（"）。

（3）测量方法：根据一定的测量原理，在实时测量过程中对测量原理的运用及其实际操作。广义上即指测量所采用的测量原理、计量器具和测量条件的总和。

（4）测量精度：测量结果与真值相一致的程度。与测量精度相反的是测量误差。任何测量过程都不可避免地会出现测量误差。测量误差大，测量精度就低；反之，测量误差小，测量精度就高。

测量技术的基本任务是根据测量对象的特点和质量要求，拟定测量方法，选用计量器具，把被测量和标准量进行比较，分析测量过程的误差，从而得出具有一定测量精度的测量结果。至于如何提高测量效率，降低测量成本，避免发生误收、误废零件的问题，也是测量工作的重要内容。

1.3 工程材料及热处理

1.3.1 工程材料

一般将工程材料按化学成分分为金属材料、无机非金属材料、高分子材料和复合材料四大类。后三者也可认为是除金属材料以外的非金属材料，它们有着金属材料所不及的优良性能，如高分子材料的电绝缘性、减震性、质轻的性能，陶瓷材料具有耐高温、耐火、高硬度以及绝缘等性能。如今，橡胶、塑料、陶瓷及合成碳纤维等制品已广泛应用于工业以及居民生活的方方面面，小到茶杯，大到飞船，无处不凸显非金属材料特有的性能。如图1-9所示，塑料的应用涵盖了科技前沿的3D打印原材料到日常用品。

(a) 3D打印机及其材料　　　　(b) 塑料杯

图1-9 塑料应用

金属材料作为重要的工程材料，包括纯金属和以纯金属为基的合金。实际上，纯金属是含有某种金属元素最多的金属，其所含杂质极少或处于某一规定含量范围内。合金是由两种或两种以上的金属元素或非金属元素组成的具有金属特性的物质，有着优良的力学性能，所以绝大多数工业用的金属材料都是合金。其中，钢铁在金属材料中的应用最为广泛，其他非铁金属包括轻金属，如铝、镁、钠、银等。

表1-1列出加工法兰盘常用材料及相应符号名称。以下简要介绍部分重要材料。

表 1-1　法兰盘常用材料

类别	Q235 普通碳素结构钢	20 优质碳素结构钢	16Mn 低合金高强度结构钢	1Cr-0.5Mo 低合金钢	2 1/4Cr-1Mo 不锈钢	5Cr-0.5Mo 合金钢
钢板	Q235A　Q235B	20　20R　09Mn2VDR　09MnNiDR	16MnR　16MnDR	15CrMoR	12Cr2Mo1R	—
锻件	—	20　09Mn2VD　09MnNiD	16Mn　16MnD	15CrMo	12Cr2Mo1	1Cr5Mo
铸件	WCA	ZG240/450AG	ZG280/520G　WCB　WCC　LCC　LCB	ZG15Cr1Mo	ZG12Cr2Mo1G	ZG16Cr5MoG
钢管	—	20	16Mn	15CrMo	12Cr2Mo1	1Cr5Mo

类别	304 不锈钢	321 不锈钢	316L 不锈钢	316 不锈钢	304L 不锈钢
钢板	0Cr18Ni9	0Cr18Ni10Ti (1Cr18Ni9Ti)	00Cr17Ni14Mo2	0Cr17Ni12Mo2	00Cr19Ni10
锻件	0Cr18Ni9	0Cr18Ni10Ti (1Cr18Ni9Ti)	00Cr17Ni14Mo2	0Cr17Ni12Mo2	00Cr19Ni10
铸件	ZG07Cr20Ni10　CF8	ZG08Cr20Ni9Nb　CF8C	ZG03Cr19Ni11Mo2　CF3M	ZG07Cr19Ni11Mo2　CF8M	ZG03Cr18Ni10　CF3
钢管	0Cr18Ni9	0Cr18Ni10Ti (1Cr18Ni9Ti)	00Cr17Ni14Mo2	0Cr17Ni12Mo2	00Cr19Ni10

说明：

1. 管法兰材料一般应采用锻制，不推荐用钢板或型钢制造。钢板仅可用于法兰盖、衬里法兰盖、板式平焊法兰、对焊环松套法兰和平焊环松套法兰；
2. 表列中的铸件仅适用于整体法兰，并不适用于带焊接的铸造法兰；
3. 表列中钢管仅适用于采用钢管制造的奥氏体不锈钢对焊环。

1. 铸铁

铸铁是碳质量分数在 2.11％以上的铁碳合金。工业用铸铁一般碳质量分数在 2.5％～3.5％。除碳外,铸铁中还含有 1％～3％的硅,以及少量锰、磷、硫等元素。合金铸铁还含有镍、铬、钼、铝、铜、硼等元素。然而,碳、硅是影响铸铁显微组织和性能的主要元素,依据铸铁显微组织、性能及应用的不同主要有以下分类。

1) 灰口铸铁

灰口铸铁断口呈灰色,铸造性能和切削加工性能较好,用于制造机床床身(图 1-10)、汽缸、箱体等结构件,其牌号以"HT"后面附两组数字。第一组数字表示最低抗拉强度,第二组数字表示最低抗弯强度,如 HT20-40。

2) 球墨铸铁

球墨铸铁断口成银灰色,相比普通灰口铸铁有较高强度、较好韧性和塑性,用于制造内燃机、汽车零部件(如方向盘)及农机具等。其牌号以"QT"后面附两组数字表

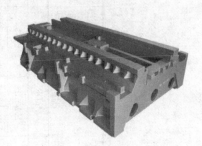

图 1-10　机床床身

示,第一组数字表示最低抗拉强度,第二组数字表示最低伸长率,如 QT45-5。

3) 蠕墨铸铁

蠕墨铸铁力学性能介于灰口铸铁和球墨铸铁之间,其铸造性能、减振性和导热性都优于灰口铸铁,与球墨铸铁相近。在牌号中,"RuT"代表"蠕铁",作为蠕墨铸铁的代号,后面的数字表示最低抗拉强度,如 RuT300 表示最低抗拉强度为 300MPa。

4) 可锻铸铁

可锻铸铁组织性能均匀,耐磨损,有良好的塑性和韧性,用于制造形状复杂、能承受动载荷的零件。常见牌号是由"KTH"(黑心可锻铸铁)或"KTZ"(珠光体可锻铸铁)后附最低抗拉强度值(MPa)和最低断后伸长率的百分数表示。例如,牌号 KTH 350-10 表示最低抗拉强度为 350MPa、最低断后伸长率为 10％的黑心可锻铸铁。

5) 合金铸铁

合金铸铁由普通铸铁加入适量合金元素(如硅、锰、磷、镍、铬、铜、铝等)获得。合金元素使铸铁的基体组织发生变化,从而具有耐热、耐磨、耐蚀、耐低温及无磁等特性,用于制造矿山、化工机械和仪器、仪表等的零部件。例如,耐蚀铸铁 STSi15Mo4Cu,其中 ST 为耐蚀铸铁代号,各元素符号后加相应的名义质量百分数。

2. 钢

钢是碳质量分数小于 2.11％的铁碳合金。根据钢中合金元素含量可分为非合金钢、低合金钢和合金钢,按用途可分为结构钢、工具钢和特殊性能钢三类。下面结合法兰盘材料,主要介绍碳素结构钢、低合金高强度结构钢和不锈钢。

1) 碳素结构钢

碳素结构钢平均碳质量分数为 0.06％～0.38％,按照杂质硫、磷的含量可分为普通碳素结构钢和优质碳素结构钢两类。普通碳素结构钢按照钢材屈服强度分为 5 个牌号,分别为 Q195、Q215、Q235、Q255 及 Q275,Q 表示材料的屈服强度数值,单位为 MPa。质量等级

符号反映了碳素结构钢中有害元素磷、硫含量的多少,从 A 级到 D 级,含量依次减少,如表 1-2 所示。

表 1-2 普通碳素结构钢牌号和化学成分

牌号	质量分数	化学成分(质量分数)/%					脱氧方法	对应旧牌号
		C	Mn	Si	S	P		
				不大于				
Q195	—	0.06~0.12	0.25~0.50	0.3	0.050	0.045	F、b、Z	B₁、A₁
Q215	A	0.09~0.15	0.25~0.55	0.30	0.050	0.045	F、b、Z	A₂
	B				0.045			C₂
Q235	A	0.14~0.22	0.30~0.65	0.30	0.050	0.045	F、b、Z	A₃
	B	0.12~0.20	0.30~0.70		0.045			C₃
	C	≤0.18	0.30~0.80		0.040	0.040	Z	—
	D	≤0.17			0.035	0.035	TZ	—
Q255	A	0.18~0.28	0.40~0.70	0.30	0.050	0.045	Z	A₄
	B				0.045			C₄
Q275	—	0.28~0.38	0.50~0.80	0.30	0.050	0.045	Z	C₃

优质碳素结构钢用两位数字表示钢中平均碳质量分数的万倍。如 20 钢,表示平均碳质量分数为 0.2% 的钢。优质碳素结构钢热轧薄钢板和钢带用于汽车、航空产业及其他行业,牌号有沸腾钢:08F、10F、15F;镇静钢:08、08AL、10、15、20 等。

2) 低合金高强度结构钢

低合金高强度结构钢是在碳素结构钢的基础上加入少量合金元素而成,具有良好的焊接性能、塑性、强度、韧性和加工工艺性,较好的耐蚀性和较低的冷脆临界转换温度。牌号表示方法与碳素结构钢基本相同,如 Q390A。其中,法兰盘 16Mn 即使用 Q345 低合金高强度结构钢。

3) 不锈钢

不锈钢茶壶、水杯、碗筷等厨房用品层出不穷,不锈钢能抵抗大气的腐蚀,这一良好的耐蚀性能使得不锈钢产品得到广泛应用。不锈钢耐蚀性能是在钢中加入大量的合金元素(常用铬、镍),使金属表面形成一层致密的、牢固的氧化膜,进而与外界隔绝阻止氧化。不锈钢按化学成分可分为铬不锈钢、镍铬不锈钢和铬锰不锈钢等。不锈钢牌号前的数字表示平均碳质量分数的万倍,合金元素后的数字表示平均质量分数的百倍。另外,当 $W_C \leqslant 0.03\%$ 和 0.08%,在牌号前分别冠以"00"与"0"。如不锈钢 0Cr18Ni9 表示钢的平均 $W_C \approx 0.08\%$、$W_{Cr} \approx 18\%$、$W_{Ni} \approx 9\%$。注意,在法兰盘材料表中,前面数字类型为美标,后者为国标。例如,304=0Cr18Ni9、304L=00Cr19Ni10、316=0Cr17Ni12Mo2 等。

1.3.2 热处理

为使金属工件具有所需要的力学性能、物理化学性能,除合理选用材料和各种成形工艺外,热处理工艺往往是必不可少的。据初步统计,在机床制造中,60%～70%的零件要经过热处理;在汽车、拖拉机制造中,热处理零件多达70%～80%;而工模具及滚动轴承则基本都需要进行热处理。热处理是通过改变工件内部的显微组织或工件表面的化学成分,改善工件力学性能的工艺,一般不改变工件的形状和整体的化学成分。

法兰盘零件要达到合格使用标准同样也需经过热处理工序,如表1-3所示。材质A350、LF2是采用美标的牌号与国标低合金高强度结构钢Q345E相接近,通过查阅法兰盘热处理工艺文件(表1-3),得出此种材料采用"正火+回火,空冷"的方式。依据钢制管材公称直径(NPS)大小的不同,法兰盘保温时间也不同。

1. 金属材料的热处理

热处理工艺中有三大基本要素:加热、保温、冷却。这三大基本要素决定了材料热处理后的组织和性能。依照加热温度、保温时间和冷却方式的不同,将热处理分为正火、退火、固溶热处理、时效处理、淬火、回火、钢的碳氮共渗等。依据热处理原理的不同,又可分为整体热处理、表面热处理和化学热处理。其中,退火、正火、淬火、回火是整体热处理中最为典型的"四把火"。从表1-4可以看出"四把火"的重要性,这也是本节了解的重点。

1) 退火

退火指将金属缓慢加热到一定温度,保温足够时间,然后以适宜速度冷却。具体加热的温度、保温时间以及冷却方式依据材料、目的进行合理设置。退火包括完全退火、球化退火、去应力退火和等温退火。完全退火又称重结晶退火,一般作为不重要工件的最终热处理,或作为某些工件的预先热处理。球化退火主要用于制造刃具、量具、模具所用的钢种,其主要目的在于降低硬度,改善切削加工性,并为以后淬火做好准备。去应力退火又称低温退火(或高温回火),主要用来消除铸件、锻件、焊接件、热轧件、冷拉件等的残余应力,防止钢件在随后的切削加工过程中产生变形或裂纹。

2) 淬火

淬火是为了提高硬度而采取的热处理方法,同样经历加热、保温、速冷三大步。最常用的冷却介质是盐水、水或油。经盐水淬火的工件容易得到高的硬度和光洁的表面,不容易产生淬不硬的软点,但却易使工件发生严重变形,甚至开裂。而用油作介质只适用于一些合金钢或小尺寸碳钢工件的淬火。

3) 回火

回火的目的在于降低脆性,消除或减少内应力,防止变形及开裂;获得工件所要求的机械性能;稳定工件尺寸。对于退火难以软化的某些合金钢,在淬火(或正火)后常采用高温回火,使钢中碳化物适当聚集,将硬度降低,以利切削加工。所以,回火一般作为工件的终了热处理。其中,碳钢与合金钢在淬火后经高温回火的热处理工艺称为调质热处理,经调质后的钢材可得到良好的综合机械性能。

4) 正火

正火冷却速度比退火快,得到的组织较细,获得工件的强度和硬度比退火高。对于力学性能要求不高的碳钢、低合金钢结构件,可作最终热处理。对于低碳钢可用来调整硬度,避免切削加工中的粘刀现象,改善切削加工性。

表1-3 法兰盘热处理工艺文件

热处理作业指导书	产品名称		指导卡编号	
材质	钢制管件	A350 LF2		
	热处理方式	N+T	热处理炉	设备名称

温度/℃ 曲线：940℃±20℃，t_1，200℃，630℃±20℃，t_2，空冷，空冷，0，时间/min

工 艺 规 程

处理部位	锻件规格/in	始温	正火温度	保温时间(t_1)	冷却方式	回火温度	保温时间(t_2)	冷却方式
整体	NPS≤2	室温	940℃±20℃	60min	空冷	630℃±20℃	60min	空冷
整体	2<NPS≤4	室温	940℃±20℃	120min	空冷	630℃±20℃	90min	空冷
整体	4<NPS≤8	室温	940℃±20℃	180min	空冷	630℃±20℃	120min	空冷
整体	8<NPS≤12	室温	940℃±20℃	220min	空冷	630℃±20℃	150min	空冷
整体	12<NPS≤24	室温	940℃±20℃	270min	空冷	630℃±20℃	210min	空冷

工序质量控制点

注:检验频次
全:全数检验
1/炉:每炉检验一件
N/炉:每炉检 N 件

控制手段
O:不记录
△:检验记录卡
□:曲线图

序号	检验项目	检验工具	技术要求	检验频次	重要程度	控制手段
1	硬度	硬度计	HB≤197	全	A	△
2	力学性能	液压式万能试验机 冲击试验机	抗拉强度 伸长率 收缩率 低温冲击	1/炉	A	△

重要程度
A:关键
B:主要
C:一般

注:根据用户要求可调整以上检验项目频次

序号			
1	工件受热均匀,不能过烧,合理布局,工件间隔大于10mm,不能重叠		
2	升温速度均匀,180~250℃/h		
3	炉膛干净,清除工件表面油污		

编制	审核	批准

注:注意热处理环境,工件冷却过程中严禁沾水

表 1-4　常用材料的热处理方法

种类	材料牌号 JIS	ASTM	GB	UNS	热处理方法 热处理制度	温度/℃	冷却方法	时间/h	*备注
碳钢	G5151 SCPH2	A216 WCB	ZG280-520	J03002	退火	880~920	炉冷450℃后空冷	≥2	
					正火+(回火)	890~980+	空冷	≥2	
						(600~700)	液冷+空冷	≥2	
	G5151 SCPH21	A217 WC6	ZG15Cr1MoG	J12072	正火+回火	正火 900~940 回火 620~680	液冷+空冷	≥3.5	
	G5151 SCPH32	A217 WC9	ZG12Cr2Mo1G	J21890	正火+回火	正火 930~970 回火 680~750	空冷	—	
	S25C	1025	25	G10250	正火	870~890	空冷	—	
					淬火+回火	870+600	液冷+空冷	—	
	S45C	1045	45	G10450	正火	850	空冷	—	
					淬火+回火	840+600	液冷+空冷	—	
	G3202 SFVC2A	A105	20 热处理代替	—	—	—	—	—	方法同 SCPH2 温度存有偏差
	G5152 SCPL1	A352 LCB			退火	—	炉冷300℃后空冷		
					正火+(回火)	885~935+	空冷	≥2	
					(淬火+回火)	(630~670)	液冷+空冷	≥2	
	G3205 SFL2	A350 LF2	Q345E 接近		正火+回火	890+590	空冷	25mm/h	三个试样的平均值大于17.8J,允许一个试样低于平均值,值应大于13.7J
					淬火+回火	900+590	液冷+空冷	25mm/h	

2．热处理工件性能的检验

注意表 1-3 法兰盘热处理工艺文件黑线框图中，零件在经过热处理之后需要对其性能进行检验，如表中要求的抗拉强度、伸长率、断面伸缩率以及冲击韧性。此外，有些零件还需要对其金相显微组织进行微观检验。

1）热处理金属材料机械性能的检验及设备

金属材料在载荷作用下抵抗破坏的性能称为力学性能。根据外加载荷性质的不同（例如拉伸、压缩、扭转、冲击、循环载荷等），对金属材料要求的力学性能也将不同。常涉及的力学性能包括：强度、塑性、硬度、韧性、多次冲击抗力和疲劳极限等。下面将分别阐述材料的各种力学性能及其指标。

（1）强度和塑性

强度是指金属材料在静载荷作用下抵抗破坏的性能。由于外加载荷的不同强度可分为抗拉强度、抗压强度、抗弯强度等。一般较多以抗拉强度作为最基本的强度指标，通过液压万能试验机（图 1-11）获取材料的拉伸曲线，进而得到材料的抗拉强度值。以低碳钢为材料试样进行拉伸试验，可以得到图 1-12 所示的拉伸曲线。由图 1-12 可以得到抗拉强度数值、屈服强度数值以及其他数据。

图 1-11　液压万能试验机

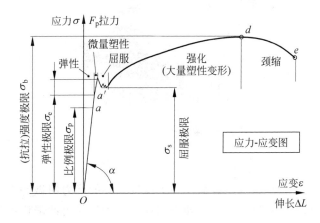

图 1-12　低碳钢拉伸曲线

塑性是指金属材料在载荷作用下，产生塑性变形（永久变形）而不破坏的能力，所以塑性变形是不可逆的。衡量材料塑性性能的指标是伸长率和断面收缩率，同样通过拉伸试验获得。

伸长率

$$\delta = \frac{L_1 - L_0}{L_0} \times 100\%$$

断面收缩率

$$\psi = \frac{S_1 - S_0}{S_0} \times 100\%$$

式中，S_0 以及 S_1 是对应拉伸试样初始截面面积以及断裂后的截面面积，如图 1-13 所示。

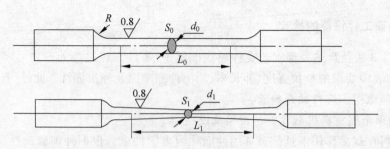

图 1-13　试样拉伸前及断裂后示意图

(2) 硬度

硬度是衡量金属材料软硬程度的指标。目前生产中测定硬度方法最常用的是压入硬度法,它是用一定几何形状的压头在一定载荷下压入被测试的金属材料表面,根据材料被压入程度来测定其硬度值。常用的方法有布氏硬度(HB)、洛氏硬度(HRA、HRB、HRC)和维氏硬度(HV)等方法。图 1-14、图 1-15 分别给出了布氏、维氏硬度测量的测量原理,操作过程及方法可查阅相应国家试验标准。

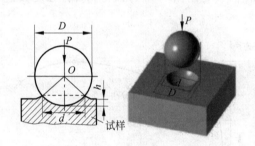

图 1-14　布式硬度测量法

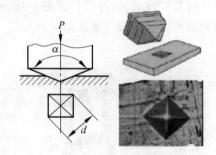

图 1-15　维氏硬度测量法

(3) 冲击韧性

金属在冲击载荷作用下抵抗破坏的能力叫做冲击韧性。韧性越好,金属材料发生脆性断裂的可能性越小。冲击韧性值是衡量材料冲击韧性的指标,在冲击试验中对冲击试样加载冲击载荷,进而得到冲击韧性值。冲击试验原理如图 1-16 所示。

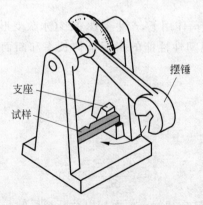

图 1-16　冲击试验设备及原理

（4）疲劳

疲劳是材料在低于屈服强度的重复交变应力作用下发生断裂的现象。前面所讨论的强度、塑性、硬度都是金属在静载荷作用下的机械性能指标。实际上，许多机器零件都是在循环载荷下工作产生疲劳，进而出现裂痕最终断裂失效。其中，齿轮啮合传动是最为典型的受循环载荷的构件。图 1-17 是船用柴油机曲轴齿轮断裂失效图，在高循环应力作用下，疲劳裂纹形成沿齿宽方向快速扩展，在齿上形成浅而长的疲劳裂纹，导致齿轮轮齿断裂失效。

图 1-17　断齿断口及未断裂齿宏观形貌

2）热处理金属材料微观组织的检验及设备

在金属热处理过程中，工件外部可能出现氧化、脱碳、变形、淬裂等缺陷。同时，零件内部也会一定程度上发生组织变化、产生应力或残留应力、瑕疵或微裂缝等问题。金属的许多性能由其结构和组织状态决定，且其内部组织微观缺陷的存在也影响材料的性能。因此，许多材料在出厂前要进行金相组织检验，即观察金属材料内部晶粒大小、形状、种类、各种晶粒间的相对数量和分布以及宏观、微观缺陷等。金属组织检测分低倍组织检测、高倍组织检测和电镜显微组织检测。

（1）低倍组织检测（宏观组织检验）

低倍组织检测指用肉眼或放大镜观察钢材的纵横断面上的缺陷，这些缺陷大多是在钢的浇铸、结晶和热加工过程中形成的。为了充分显露缺陷，低倍组织检测常采用以下试验方法：①酸浸试验；②塔形车削发纹检验；③硫印试验；④断口试验。

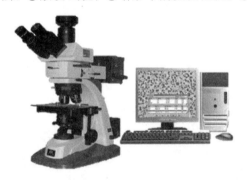

图 1-18　正置金相显微镜

（2）高倍组织检测

高倍组织检测是用放大 100～2 000 倍的显微镜对金属材料内部进行观察分析的检测方法。检测内容主要有非金属夹杂物、带状组织、碳化物不均匀性、碳化物液析、网状组织级别评定等。这种检测方法广泛用于钢材质量优劣的常规检测。正置金相显微镜（图 1-18）广泛应用于学校及企业的金相组织观察研究。

（3）电镜显微组织检测（精细组织检测）

电镜显微组织检测是用放大几千倍到几十万倍的电子显微镜对金属材料内部进行检测分析，用于检验材料的细微组织结构。电镜显微组织检测要求有各种电镜设备，且试样制备比较复杂，故不作为产品的常规检验。

复习思考题

1. 填空题

（1）我国在全面质量管理中提出的"三全一多样"是指 _____ 、_____ 、

　　　　　　　　_____、_____。

　　(2) 机电一体化系统一般由_____、_____、_____、_____和_____等 5 个组成部分构成。

　　(3) 机械产品的制造过程主要包括_____、_____、_____、_____和_____等环节。

　　(4) 热处理的基本过程是_____、_____、_____。

　　(5) 工程材料的分类为_____、_____、_____、_____。

　　(6) 热处理的"四把火"指_____、_____、_____、_____。

　　(7) 工程材料的机械性能包括_____、_____、_____、_____等。

　　(8) 牌号 Q235 含义为_____。

2. 问答题

　　(1) 安全生产与环保之间的辩证关系是什么?

　　(2) 0Cr17Ni12Mo2、2017A、AZ31 及 45Cr 分别是什么材料? 是否认得各种材料的组成元素? 材料中各元素的含量是多少? 材料的性能如何? 常应用在哪些零件、设备中?

　　(3) 收集你身边的材料,或者在工程训练实践环节中,认识到的工具是用什么材料制成的呢? 比如,车削加工中的不同刀具,钳工实训中用到的划针、划规、台虎钳等工量具。

第2章

机械识图基础

问题导入

图 2-1 是什么图？怎么看？图中的数字、符号、线条各表达什么意思？

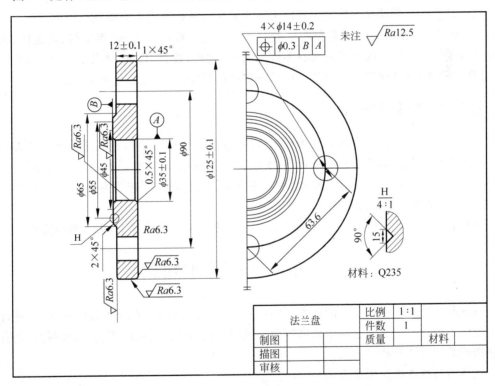

图 2-1　法兰盘零件图

　　图 2-1 描述法兰盘零件的图称为零件图或机件（机械零件）图。一张完整的零件图一般应包括一组视图、完整的尺寸、技术要求及标题栏等内容。

　　本章与立体几何的区别与联系："立体几何"是在立体上解决一些平面几何问题，而"机械制图"则是将立体进行投影，在平面上解决空间问题。因此，"立体几何"掌握程度的好与差，对本章内容的学习有一定影响。但只要同学们掌握方法认真学习，是完全可以掌握本章知识的。

2.1 零件图及零件的表达

2.1.1 零件图

零件图是生产中指导制造和检验该零件的主要图样,它不仅仅是把零件的内外结构、形状和大小表达清楚,还需要对零件的材料、加工、检验、测量提出必要的技术要求。零件图必须包含制造和检验零件的全部技术资料。因此,一张完整的零件图一般应包括以下几项内容(图 2-1)。

(1)一组视图:用于正确、完整、清晰和简便地表达出零件内外结构和形状的图形,包括机件的各种表达方法,如基本视图、剖视图、断面图、局部放大图和简化画法等。

(2)完整的尺寸:零件图中应正确、完整、清晰、合理地标出制造零件所需的全部尺寸。

(3)技术要求:零件图中必须用规定的代号、数字、字母和文字注解说明制造和检验零件时在技术指标上应达到的要求。如表面粗糙度、尺寸公差、形位公差、材料和热处理、检验方法以及其他特殊要求等。技术要求的文字一般注写在标题栏上方图纸空白处。

(4)标题栏:标题栏应配置在图框的右下角。它一般由更改区、签字区、其他区、名称以及代号区组成。填写的内容主要有零件的名称、材料、数量、比例、图样代号以及设计、审核、批准者的姓名、日期等。标题栏的尺寸和格式已经标准化,可参见有关标准。

2.1.2 零件的表达

零件的表达方案选择应首先考虑看图方便,应根据零件的结构特点选用适当的表示方法。由于零件的结构形状是多种多样的,所以在画图前,应对零件进行结构形状分析,结合零件的工作位置和加工位置,选择最能反映零件形状特征的视图作为主视图,并选好其他视图,以确定一组最佳的表达方案。

选择表达方案的原则是:在完整、清晰地表示零件形状的前提下,力求制图简便。

2.2 机械识图基本知识

机械图样是生产中最基本的技术文件,是设计、制造、检验、装配产品的依据,是进行科技交流的工程技术语言。它的主要内容为一组用正投影法绘制成的零件、机件视图,还有加工制造所需的尺寸和技术要求。

立体图与视图的比较见表 2-1。

表 2-1 立体图与视图的比较

	图 形	优 点	缺 点
立体图		富有立体感,直观形象	度量性差,作图困难
视图		能准确地表达出物体的形状和大小,且度量性好,作图方便	直观性较差,需将三个视图综合起来想象出空间形状

机械图样有零件图和装配图两种。零件图是表达零件的结构、大小以及技术要求的图样。

2.2.1　图纸幅面和格式

1. 图纸幅面尺寸

图幅有 A0、A1、A2、A3、A4 号共五种。A0 号图幅的尺寸：长边为 1189mm，宽边为841mm。对折一次得到 A1 号图幅，……，对折四次则可得到 A4 号图幅（表 2-2）。

表 2-2　图纸幅面尺寸　　　　　　　　　　　　mm

幅面代号	A0	A1	A2	A3	A4
$B \times L$	841×1189	594×841	420×594	297×420	210×297
e（用于留装订边的图框格式）	20			10	
c	10			5	
a	25				

2. 不留装订边的图框格式及标题栏的方位（图 2-2）

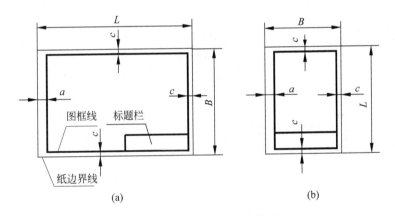

(a) 　　　　　　　　　　　　　 (b)

图 2-2　不留装订边的图框格式

2.2.2　比例（GB/T 14690—1993）

绘图时，通常根据实际情况选择恰当的绘图比例（表 2-3）。

表 2-3　规定的比例

种　类	比　例
原值比例（比值为 1 的比例）	1∶1
放大比例（比值＞1 的比例）	5∶1　　　2∶1 $5 \times 10^n \colon 1$　$2 \times 10^n \colon 1$　$1 \times 10^n \colon 1$
缩小比例（比值＜1 的比例）	1∶2　　　1∶5　　　1∶10 $1 \colon 2 \times 10^n$　$1 \colon 5 \times 10^n$　$1 \colon 1 \times 10^n$

不论采用缩小或放大的比例绘图,图 2-3 中所标注的尺寸均为机件的实际尺寸。

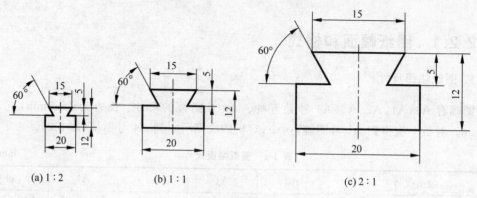

图 2-3　图纸比例

2.2.3　图线的型式与应用

国家标准中规定了八种图线型式:粗实线、细实线、波浪线、双折线、虚线、细点画线、粗点画线、双点画线,如图 2-4 所示。图线的宽度只有粗、细两种,粗线的宽度为 b,细线的宽度约为 $b/3$。

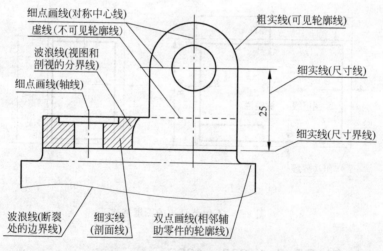

图 2-4　图线的型式

2.2.4　图纸中常见的符号与缩写词

图纸中常见的符号与缩写词见表 2-4。

表 2-4　图纸中常见的符号与缩写词

名称	符号或缩写词	名称	符号或缩写词
直径	ϕ	45°倒角	C
半径	R	深度	↓

续表

名称	符号或缩写词	名称	符号或缩写词
球直径	Sϕ	沉孔或锪平	⌴
球半径	SR	埋头孔	⌵
厚度	t	均布	EQS
正方形	□		

2.3　三视图的形成及其投影规律

用正投影的方法所绘制物体的图形称为视图。三视图就是主视图(正视图)、俯视图和左视图(侧视图)的总称。

2.3.1　三视图的形成

一个方向的投影所表达的形体结构具有不确定性,如图 2-5 所示。所以,通常需将形体向多个方向投影,才能完整清晰地表达出形体的形状特征。

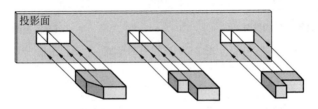

图 2-5　1 个投影不能确定空间物体的情况

1. 三投影面体系

选用三个互相垂直的投影面,建立三投影面体系,如图 2-6 所示。在三投影面体系中,三个投影面分别用 V(正面)、H(水平面)、W(侧面)来表示。三个投影面的交线 OX、OY、OZ 称为投影轴,三个投影轴的交点 O 称为原点。

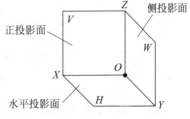

图 2-6　三投影面体系

2. 三视图的形成

如图 2-7(a)所示,将 L 形块放在三投影面中间,分别向正面、水平面、侧面投影。在正面的投影叫主视图,在水平面上的投影叫俯视图,在侧面上的投影叫左视图。

如图 2-7(b)所示,为了把三视图画在同一平面上,规定正面不动,水平面绕 OX 轴向下转动 $90°$,侧面绕 OZ 轴向右转 $90°$,使三个互相垂直的投影面展开在一个平面上,如图 2-7(c)所示。把投影面的边框去掉,便得到三视图,如图 2-7(d)所示。

三视图与物体方位的对应关系:物体有长、宽、高三个方向的尺寸,有上、下、左、右、前、后 6 个方位的关系,如图 2-8(a)所示。6 个方位在三视图中的对应关系如图 2-8(b)所示。

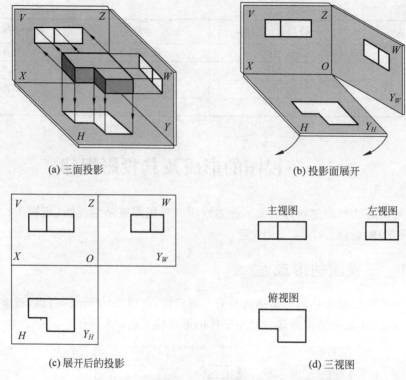

(a) 三面投影

(b) 投影面展开

(c) 展开后的投影

(d) 三视图

图 2-7　三视图的形成

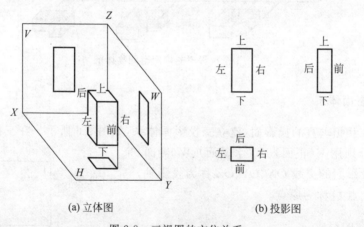

(a) 立体图

(b) 投影图

图 2-8　三视图的方位关系

主视图反映了物体的上、下、左、右 4 个方位关系；

俯视图反映了物体的前、后、左、右 4 个方位关系；

左视图反映了物体的上、下、前、后 4 个方位关系。

注意：以主视图为中心，俯视图、左视图靠近主视图的一侧为物体的后面，远离主视图的一侧为物体的前面。

2.3.2　三视图的投影规律

物体左、右之间的距离叫做长；前、后之间的距离叫做宽；上、下之间的距离叫做高。

主视图反映物体的长和高；俯视图反映物体的长和宽；左视图反映物体的高和宽。由此可以总结出三视图之间的投影规律为(图 2-9)：

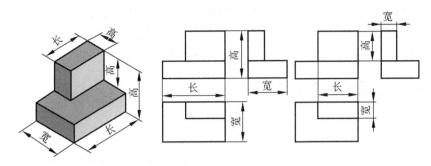

图 2-9　三视图的投影关系

V 面、H 面(主、俯视图)——长对正；

V 面、W 面(主、左视图)——高平齐；

H 面、W 面(俯、左视图)——宽相等。

这个规律可以简称为"长对正、高平齐、宽相等"的三等规律。这是三视图之间最基本的投影规律，也是在绘图和识图时都必须遵循的投影规律，是绘图和识图的依据。

2.3.3　三视图的尺寸标注

1. 基本规则

(1) 机件的真实大小应以图样上所注尺寸数值为依据，与图形的大小及绘图的准确程度无关。

(2) 图样中的尺寸，以毫米为单位时，不需注明。若采用其他单位要注明。

(3) 图样中所标注的尺寸，为该图样所示机件的最后完工尺寸，否则应另加说明。

2. 尺寸的组成

尺寸由尺寸界线、尺寸线和尺寸数字组成，如图 2-10 所示。

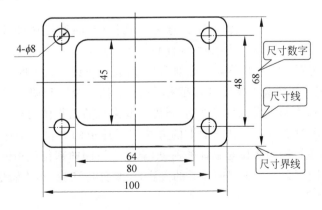

图 2-10　尺寸标注

（1）尺寸界线：它表示尺寸的度量范围。一般用细实线、也可利用轴线、中心线和轮廓线。

（2）尺寸线：它表示所注尺寸的度量方向和长度,必须用细实线。

（3）尺寸数字：线性尺寸数字一般应注写在尺寸线的上方,也允许注写在尺寸线的中断处。尺寸数字不能被任何图线穿过,必要时可将该图线断开。

2.3.4　三视图的识读

1. 基本体视图

基本体可分为平面基本体和回转基本体。平面基本体主要有棱柱、棱锥等；回转基本体主要有圆柱、圆锥、球体等。

以正六棱柱为例,按图 2-11 所示位置放置六棱柱时,其两底面为水平面,H 面投影具有全等性；前后两侧面为正平面,其余四个侧面是铅垂面,它们的水平投影都积聚成直线,与六边形的边重合。

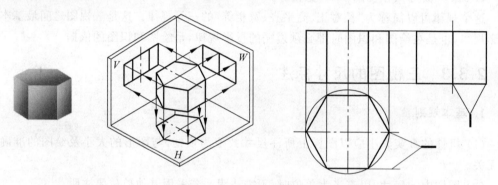

图 2-11　正六棱柱的三视图

由图 2-11 可知,直棱柱三面投影特征：一个视图有积聚性,反映棱柱形状特征；另两个视图都是由实线或虚线组成的矩形线框。

2. 三视图的识读

识读三视图,就是由三视图(平面图形)想象出物体(空间形状)的过程。这有助于培养学生的空间想象能力。在识读三视图时,应注意以下几点：

（1）因为一个视图不能反映物体的全部形状,所以在识读三视图时,必须将三个视图联系起来看,例如：把主视图和左视图联系起来看高度；把主视图和俯视图联系起来看长度；把俯视图和左视图联系起来看宽度。然后,再综合起来想象出物体的空间形状。

（2）识读三视图时必须注意到图形上的方位与形体上的方位的对应关系,例如：俯视图与左视图上远离主视图的部位是物体的前方,靠近主视图的部位是物体的后方。

（3）识读三视图时必须运用双向思维的方法,反复分析和验证,才能最后确定空间物体的形状。

2.4　机件的表达方法

2.4.1　基本视图

1. 基本概念

如图 2-12 所示,为表达清楚物体的结构和形状,有时需在三视图(主视图、俯视图、左视图)基础上增加右视图、仰视图和后视图,形成 6 个基本视图。

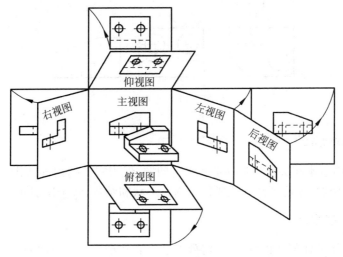

图 2-12　基本视图

2. 基本视图的投影关系

如图 2-13 所示,虽然机件可以用 6 个基本视图来表示,但实际上画哪几个视图,要看具体情况而定。

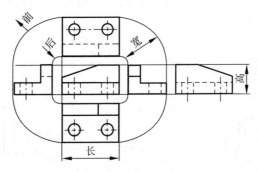

图 2-13　基本视图的投影关系

各视图的投影关系仍遵守"长对正,高平齐,宽相等"的投影规律。各视图的方位关系仍遵守:除后视图外,靠近主视图的是后面,远离主视图的是前面。

2.4.2 向视图

有时为了便于合理地布置基本视图,可以采用向视图。

向视图是可自由配置的视图,它的标注方法为:在向视图的上方注写"×"(×为大写的英文字母,如"*A*""*B*""*C*"等),并在相应视图的附近用箭头指明投影方向,并注写相同的字母,如图 2-14 所示。

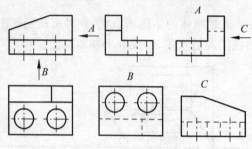

图 2-14 向视图

2.4.3 剖视图

6 个基本视图基本解决了机件外形的表达问题,但当零件的内部结构较复杂时,视图的虚线也将增多。因此,要清晰地表达机件的内部形状和结构,常采用剖视图的画法。

1. 剖视图的基本概念

想象用一剖切平面剖开机件,然后将处在观察者和剖切平面之间的部分移去,将其余部分向投影面投影所得的图形称为剖视图(简称剖视),所形成的剖视图需在剖面区域内画上剖面符号(图 2-15)。

2. 剖视图的种类

1) 全剖视图

用假想剖切平面,将机件全部剖开后进行投影所得到的剖视图,称为全剖视图(简称全剖视),如图 2-16 所示为主视图。

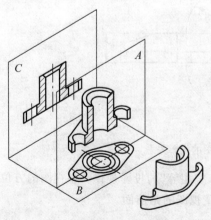

图 2-15 剖视图的形成

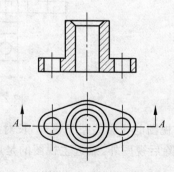

图 2-16 全剖视图

2）半剖视图

当机件具有对称平面时，在垂直于对称平面的投影面上投影所得的图形，以对称中心线为界，一半画成剖视，另一半画成视图，如图 2-17 所示为主视图和俯视图。

半剖视图既充分地表达了机件的内部结构，又保留了机件的外部形状，因此它具有内外兼顾的特点。但半剖视图只适宜于表达对称的或基本对称的机件。

3）局部剖视图

用假想剖切面局部地剖开机件所得的视图为局部剖视图，如图 2-18 所示。

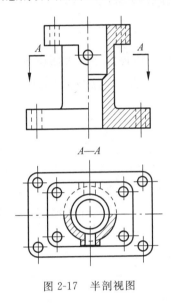

图 2-17　半剖视图

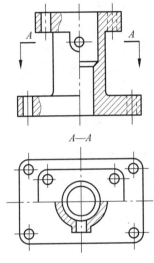

图 2-18　局部剖视图

2.5　零件图识读

为了使零件达到预定的设计要求，保证零件的使用性能，在零件上还必须注明零件在制造过程中必须达到的质量要求，即技术要求，如表面粗糙度、尺寸公差、形位公差、材料热处理及表面处理等。技术要求一般应尽量用技术标准规定的代号（符号）标注在零件图中，没有规定的可用简明的文字逐项写在标题栏附近的适当位置。

2.5.1　表面粗糙度

1. 表面粗糙度的概念

零件在加工过程中，受刀具的形状和刀具与工件之间的摩擦、机床的震动及零件金属表面的塑性变形等因素的影响，表面不可能绝对光滑，如图 2-19(a)所示。零件表面上这种具有较小间距的峰谷所组成的微观几何形状特征称为表面粗糙度。一般来说，不同的表面粗糙度是由不同的加工方法形成的。表面粗糙度是评定零件表面质量的一项重要指标，降低零件表面粗糙度可以提高其表面耐腐蚀、耐磨性和抗疲劳等能力，但其加工成本也相应提高。因此,零件表面粗糙度的选择原则是:在满足零件表面功能的前提下,表面粗糙度允许值尽可能大一些。

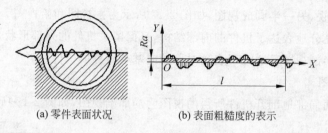

(a) 零件表面状况　　　　(b) 表面粗糙度的表示

图 2-19　表面粗糙度

表面粗糙度是以参数值的大小来评定的,目前在生产中评定零件表面质量的主要参数是轮廓算术平均偏差。如图 2-19(b)所示,表面粗糙度是在取样长度 l 内,轮廓偏距 Y 绝对值的算术平均值,用 Ra 表示。

2. 表面粗糙度的注法

1) 表面粗糙度代号

零件表面粗糙度代号是由规定的符号和有关参数组成的。零件表面粗糙度符号的画法及意义、零件表面粗糙度代号的填写要注意格式。图样上所注的表面粗糙度代号应是该表面加工后的表面质量要求。零件表面粗糙度代号及其意义见表 2-5。

表 2-5　零件表面粗糙度代号及其意义

代号	意　义	代号	意　义
3.2 ∨	表示表面粗糙度用任何方法获得,Ra 的上限值为 3.2μm	3.2max ∨	表示表面粗糙度用任何方法获得,Ra 的最大值为 3.2μm
3.2 ∨	表示表面粗糙度用去除材料的方法获得,Ra 的上限值为 3.2μm	3.2max ∨	表示表面粗糙度用去除材料的方法获得,Ra 的最大值为 3.2μm
3.2 ○	表示表面粗糙度用不去除材料的方法获得,Ra 的上限值为 3.2μm	3.2max ○	表示表面粗糙度用不去除材料方法获得,Ra 的最大值为 3.2μm
3.2 1.6 ∨	表示表面粗糙度用去除材料的方法获得,Ra 的上限值为 3.2μm,Ra 的下限值为 1.6μm	3.2max 1.6min ∨	表示表面粗糙度用去除材料方法获得,Ra 的最大值为 3.2μm,Ra 的最小值为 1.6μm

2) 表面粗糙度在图样上的标注法则

(1) 在同一图样上,每一表面只标注一次代号,并应标注在可见轮廓线、尺寸线、尺寸界线或它们的延长线上;

(2) 符号的尖角必须从材料外指向标注表面;

(3) 在图样上的表面粗糙度代号中,数字的大小和方向必须与图中尺寸数值的大小和方向一致;

（4）由于加工表面的位置不同，表面粗糙度代号也可随之平移和旋转，但不能翻转和变形；表面粗糙度数值可随表面粗糙度代号旋转而旋转，但需与该处尺寸标注的方向一致。

2.5.2　互换性与公差配合

1. 互换性

所谓零件的互换性，就是从一批相同的零件中任取一件，不经修配就能装配使用，并能保证使用性能要求。零部件具有互换性，不但给装配、修理机器带来方便，还可用专用设备生产，提高产品数量和质量，同时降低产品的成本。要满足零件的互换性，就要求有配合关系的尺寸在一个允许的范围内变动，并且在制造上又是经济合理的。

2. 公差

在加工过程中，不可能也无必要把零件的尺寸做得绝对准确。为了保证互换性，必须将零件尺寸的加工误差限制在一定的范围内，规定出加工尺寸的可变动量。这种规定的实际尺寸允许变动量称为公差。

公差配合制度是实现互换性的重要基础。

2.5.3　形状公差和位置公差

1. 零件的几何要素与形位公差

零件不论其结构特征如何，都是由一些简单的点、线、面组成，这些点、线、面统称为几何要素。形状是一个要素本身所处的状态，位置则是指两个以上要素之间所形成的方位关系。

由于各种因素的影响，加工后的零件不仅有尺寸公差，构成零件几何特征的点、线、面的实际形状或相互位置与理想几何体规定的形状和相互位置还不可避免地存在差异。这种形状上的差异就是形状公差，而相互位置的差异就是位置公差，统称为形位公差。这类误差将影响到机械产品的性能，设计时应规定相应的公差并按规定的标准符号标注在图样上。

形位公差是为了满足产品功能要求而对工件要素在形状和位置方面所提出的几何精度要求，其大小是衡量产品质量的一项重要指标。为保证产品质量，实现互换性，应控制零件的形位误差，即规定公差。20 世纪 50 年代前后，工业化国家就已经产生形位公差标准。国际标准化组织（ISO）于 1969 年公布形位公差标准，1978 年推荐了形位公差检测原理和方法。中国于 1980 年颁布形状公差和位置公差标准，其中包括检测规定。

2. 形位公差的项目与符号

形状公差是指单一实际要素的形状所允许的变动全量，通常用形状公差带表达。形状公差带包括公差带形状、方向、位置和大小等四要素。形状公差主要是和形状有关的要素，包括直线度、平面度、圆度、圆柱度、线轮廓度、面轮廓度等 6 项。

位置公差是关联实际要素的位置对基准所允许的变动全量。位置公差是限制被测要素对基准要素所要求的几何关系上的误差。根据两者几何关系不同,位置公差又分为定向公差、定位公差、跳动公差。

　　形位公差的项目与符号见表 2-6。

表 2-6　形位公差的项目与符号

公差	特征项目	符号	有或无基准要求	公差		特征项目	符号	有或无基准要求
	直线度	—	无		定向	平行度	//	有
	平面度	▱	无			垂直度	⊥	有
	圆度	○	无			倾斜度	∠	有
形状公差	圆柱度	⌭	无	位置公差	定位	位置度	⊕	有或无
	线轮廓度	⌒	有或无			同轴度	◎	有
						对称度	⹀	有
	面轮廓度	⌓	有或无		跳动	圆跳动	↗	有
						全跳动	↗↗	有

3. 形位公差的标注

　　形位公差内容用框格表示,框格内容自左向右第一格为形位公差项目符号,第二格为公差数值,第三格以后为基准,如法兰盘零件图 2-20 所示。

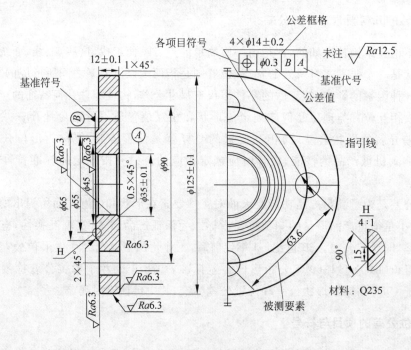

图 2-20　形位公差标注

2.5.4　零件图识读

零件图是表示零件结构、大小及技术要求的图样。

任何机器或部件都是由若干零件按一定要求装配而成的。图 2-21 所示的铣刀头是铣床上的一个部件,供装铣刀盘用。它是由座体 7、轴 6、端盖 10、带轮 5 等十多种零件组成。图 2-22 所示即是座体的零件图。

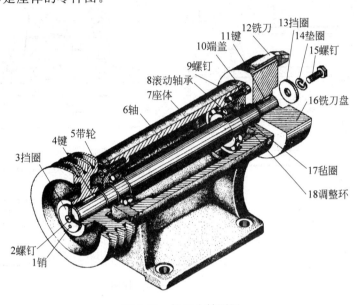

图 2-21　铣刀头轴测图

1．看标题栏

通过标题栏,可了解零件的名称、材料、比例等,并浏览全图,对零件有个概括了解,如零件类型、大致轮廓和结构等。

2．表达方案分析

根据视图布局,首先确定主视图,然后围绕主视图分析其他视图的配置。对于剖视图、断面图要找到剖切位置及方向,对于局部视图和局部放大图要找到投影方向和部位,弄清楚各个图形彼此间的投影关系。分析方法如下:

（1）找出主视图;

（2）分析零件图中基本视图、剖视图、断面图等之间的相互位置和投影关系;

（3）凡有剖视、断面处要找到剖切平面位置;

（4）有局部视图和斜视图的地方必须找到表示投影部位的字母和表示投影方向的箭头;

（5）有无局部放大图及简化画法。

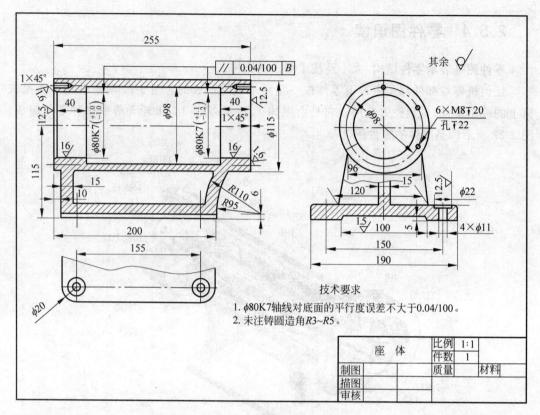

图 2-22 铣刀头座体零件图

如图 2-22 所示,该零件图由主视图、俯视图、左视图组成。主视图上用了全剖视,左视图上用了局部剖视,俯视图用了一个局部视图用以补充表示底座形体的相关位置。

3. 进行形体分析和线面分析

首先利用形体分析法,将零件按功能分解为主体、安装、连接等几个部分,然后明确每一部分在各个视图中的投影范围与各部分之间的相对位置,最后仔细分析每一部分的形状和作用。

（1）先看大致轮廓,再分几个较大的独立部分进行形体分析,逐一看懂;

（2）对外部结构逐个分析;

（3）对内部结构逐个分析;

（4）对不便于形体分析的部分进行线面分析。

4. 进行尺寸分析和了解技术要求

根据零件的形体结构,分析确定长、宽、高各方向的主要基准。分析尺寸标注和技术要求,找出各部分的定型和定位尺寸,明确哪些是主要尺寸和主要加工面,进而分析制造方法等,以便保证质量要求。

（1）形体分析和结构分析，了解定形尺寸和定位尺寸；

（2）据零件的结构特点，了解基准和尺寸标注形式；

（3）了解功能尺寸与非功能尺寸；

（4）了解零件总体尺寸。

5．综合考虑

综上所述，将零件的结构形状、尺寸标注及技术要求综合起来，就能比较全面地阅读这张零件图。在实际读图过程中，上述步骤常常是穿插进行的。

复习思考题

1．填空题

（1）图样上所标注的尺寸是＿＿＿＿＿＿＿＿＿＿＿＿＿＿＿＿＿＿＿＿＿。

（2）六个基本视图是指主视图、俯视图、左视图、＿＿＿＿＿＿、＿＿＿＿＿＿、＿＿＿＿＿＿。

（3）在尺寸标注中 Sϕ 代表＿＿＿＿＿＿＿＿＿＿＿＿＿＿＿＿＿＿＿

2．单项选择题

（1）已知物体的主、俯视图，正确的左视图是（　　　）。

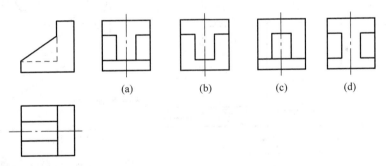

（2）根据主、俯视图，判断主视图的剖视图中是正确的是（　　　）。

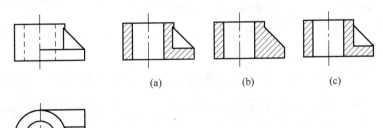

3. 读懂零件图,并完成填空

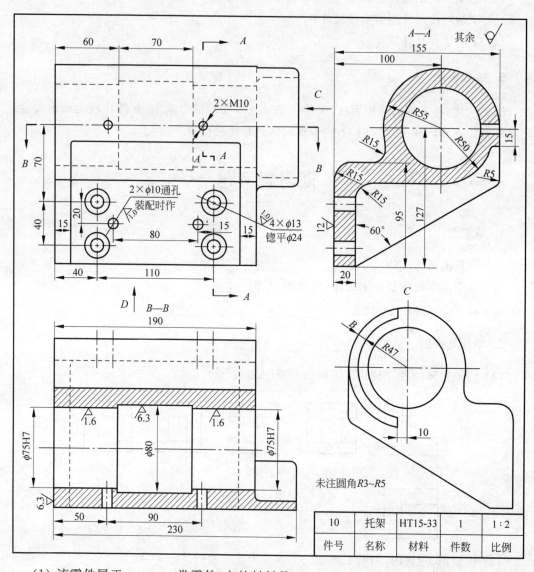

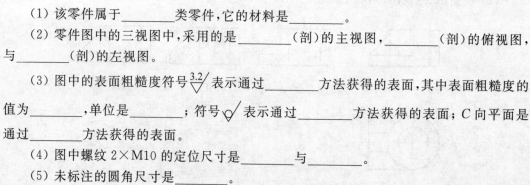

10	托架	HT15-33	1	1:2
件号	名称	材料	件数	比例

(1) 该零件属于_____类零件,它的材料是_____。

(2) 零件图中的三视图中,采用的是_____(剖)的主视图,_____(剖)的俯视图,与_____(剖)的左视图。

(3) 图中的表面粗糙度符号 $\frac{3.2}{\sqrt{}}$ 表示通过_____方法获得的表面,其中表面粗糙度的值为_____,单位是_____;符号 $\sqrt{}$ 表示通过_____方法获得的表面;C 向平面是通过_____方法获得的表面。

(4) 图中螺纹 2×M10 的定位尺寸是_____与_____。

(5) 未标注的圆角尺寸是_____。

第3章

液态成形

问题导入

图 3-1 所示管道连接件法兰盘。此类法兰盘因其应用极广,故多为批量生产。那么,生产上用什么加工方法,既能实现上述结构的加工,又能确保产量、降低成本呢? 这就是本章要学习的内容——铸造。

图 3-1　法兰盘

3.1　概　　述

铸造是将熔融的金属浇注到与零件形状相适应的铸型型腔中,冷凝后获得一定形状和性能铸件的成形方法。铸造是制造机械零件毛坯的主要工艺方法之一。与其他工艺方法相比,铸造是一种充分利用流体性质使金属成形的过程。

因为铸造时金属处在液态下成形,所以可以用来制造形状复杂,特别是具有复杂内腔的零件,如箱体、汽缸体、机座、机床床身和法兰盘等。铸件的质量可以从几克到几百吨。此外,铸造是机械制造业中一项重要的毛坯制造工艺过程,毛坯件的质量、产量以及精度直接影响到产品的质量、产量和成本。铸造生产的现代化程度反映了机械工业的先进程度,同时也反映了环保生产和节能省材的工艺水准。

铸造的主要优点是: 适用性强,可以铸造出外形和内腔十分复杂、不同尺寸的各种金属材料及其合金铸件,且不受铸件生产批量的限制; 铸造生产的原材料来源丰富,即使是铸造生产中的金属废料,大都可以回炉再利用; 设备投资较少,成本较低。

铸造的主要缺点是: 生产工序较多; 铸件的力学性能较锻件低; 质量不稳定,废品率高;此外,传统的砂型铸造在劳动条件和环境污染方面存在一定的问题。

熔融金属和铸型是铸造的两大基本要素。铸件常用金属有:铸铁、铸钢、铝合金、镁合金等。

铸造的工艺方法很多,一般分为砂型铸造和特种铸造两大类。

1. 砂型铸造

用型(芯)砂制造铸型,将液态金属浇注后获得铸件的方法称为砂型铸造。砂型铸造的生产工序很多,其生产过程如图 3-2 所示。

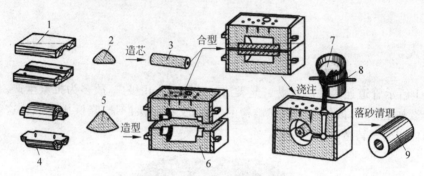

图 3-2　轴套铸件的生产过程

1—芯盒;2—芯砂;3—型芯;4—砂型;5—型砂;6—模样;7—浇包;8—金属液;9—铸件

2. 特种铸造

凡不同于砂型铸造的所有铸造方法,统称为特种铸造,如金属型铸造、离心铸造、压力铸造、熔模铸造等。

3.2　造　　型

造型和造芯是利用造型材料和工艺装备制作铸型的工序,按成形方法总体可分为手工造型和机械造型。本节主要介绍应用广泛的砂型造型。

3.2.1　铸型的组成

铸型是用金属或其他耐火材料制成的组合整体,是金属液凝固后形成铸件的地方。砂型就是用型(芯)砂制成的铸型。典型的两箱铸型如图 3-3 所示,它由上砂型、下砂型、浇注系统、型腔、型芯和通气孔组成。

型砂被填紧在上、下砂箱中,连同砂箱一起,称为上砂型(上箱)和下砂型(下箱)。取出模样后砂型中留下的空腔称为型腔。液体充满型腔,凝固后即形成铸件。

型芯主要用来形成铸件的内腔、孔及外形上妨碍起模的凹槽。型芯上用来安放和固定型芯的部分称为型

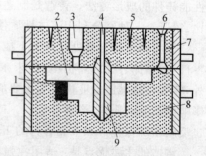

图 3-3　铸型结构示意图

1—分型面;2—上下砂箱;3—上砂型;
4—排气通道;5—通气孔;6—浇注系统;
7—型芯;8—型腔;9—下砂型

芯头,型芯头放在砂型的型芯座中。

浇注系统是为金属液填充型腔和冒口而开设于铸型中的一系列通道,通常由浇口杯、直浇道、横浇道和内浇道组成。

排气道是为在铸型或型芯中排除浇注时形成的气体而设置的沟槽或孔道。在型砂或砂芯上,常用针或成形气孔板扎出出气孔,用于水蒸气或其他气体的排除。出气孔的底部要与模样保持一定距离。

3.2.2 造型材料

砂型和砂芯是用型砂和芯砂制造的。用来造型和制芯的各种原砂、粘结剂和附加物等原材料,以及由各种原材料配制的型砂、芯砂、涂料等统称为造型材料。造型材料的种类及质量,将直接影响铸造工艺和铸件质量。图 3-4 所示为型砂结构示意图。

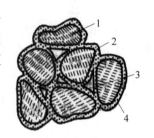

图 3-4 型砂的结构
1—砂粒;2—黏土;
3—空隙;4—附加物

1．型砂与芯砂的组成

1）原砂

原砂的主要成分是石英(SiO_2),铸造用砂要求原砂中二氧化硅质量分数为 85%～97%,砂的颗粒以圆形、大小均匀为佳。为了降低成本,已用过的旧砂经适当的处理后,也可以掺在型砂中使用。

2）粘结剂

在砂型中用粘结剂把砂粒粘结在一起,形成具有一定强度和可塑性的型砂和芯砂,用的粘结剂是黏土。黏土可分为普通黏土和润滑土两类。

3）附加物

附加物的作用是改善型砂与芯砂的性能。常用的附加物有煤粉、木屑、草末等。加入煤粉能防止铸件黏砂,使铸件表面光滑,加入木屑能改善砂型和砂芯的透气性。

4）水

水可与黏土形成黏土膜,从而增加砂粒的粘结作用,并使其具有一定的强度和透气性。水分的多少对砂型的性能及铸件的质量有很大的影响。水分过多,易使型砂湿度过大,强度低,造型时易黏模;水分过少,型砂与芯砂干而脆,强度、可塑性降低,造型、起模困难。因此,水分要适当,一般当黏土与水分的重量比例为 3:1 时,砂型强度可达最大值。

2．型砂与芯砂应具备的主要性能

1）透气性

紧实后的型砂与芯砂的孔隙度称为透气性,是指能让气体通过的能力。透气性好,浇注时铸型的气体容易排出;透气性差,气体不容易排出,铸件容易产生气孔等缺陷。

2）流动性

流动性是指型砂与芯砂在外力或本身重力的作用下,沿模样表面和砂粒间相对流动的能力。流动性不好的型砂与芯砂不能铸造出表面轮廓清晰的铸件。

3）耐火性

耐火性是指型砂与芯砂抵抗高温的能力。耐火性差,铸件易产生黏砂现象,铸件难以清理和切削加工。一般耐火性与砂中石英含量有关,石英含量越多,耐火性越好。

4) 强度

型砂与芯砂抵抗外力破坏的能力称为强度。强度包括湿强度和干强度。砂型强度应适中,否则易导致塌箱、掉砂和型腔扩大等现象;或因强度过高使透气性、退让性变差,产生气孔及铸造应力的倾向增大。

5) 可塑性

可塑性是指型砂与芯砂在外力作用下变形,去除外力后仍能保持这种变形的能力。塑性好,容易制造出复杂形状的砂型,并且容易起模。

6) 退让性

铸件在冷却收缩时,型砂与芯砂易于被压缩的能力称为退让性。退让性差的型砂(尤其是芯砂)会使铸件产生大的应力,导致铸件变形,甚至开裂。型砂中加入锯末、焦炭粒等附加物可改善其退让性;砂型紧实度越高,退让性越差。

3.2.3 型砂与芯砂的制备

1. 型砂与芯砂的配比

型砂与芯砂质量的好坏,取决于原材料的性质及其配比。型砂与芯砂的组成物应按照一定的比例配制,以保证一定的性能要求。比如小型铸铁件的配比(质量比)为:新砂 10%～20%,旧砂 80%～90%,另加润滑土 2%～3%,煤粉 2%～3%,水 4%～5%。铸铁的配比(质量比)为:新砂 30%～40%,旧砂 55%～70%,另加熟土 5%～7%,纸浆 2%～3%,水 7.5%～8.5%。

2. 型砂与芯砂的制备

型砂与芯砂的性能还与配砂的操作工艺有关,混制越均匀,型砂与芯砂的性能越好。一般型砂与芯砂的混制是在混砂机中进行的。混制时,按照比例将新砂、旧砂、黏土、煤粉等加入到混砂机中,干混 2～3min,混拌均匀后再加入适量的水或液体粘结剂(水玻璃等)进行湿混 5～12min 后即可出砂。混制好的型砂或芯砂应堆放 4～5h,使水分分布得更均匀。在使用前还需对型砂进行松散处理,增加砂粒间的空隙。

3.2.4 模样与芯盒

模样和芯盒是造砂型和型芯的模具。模样的形状和铸件外形相同,只是尺寸比铸件增大了一个合金的收缩量,用来形成砂型型腔。芯盒用来造芯,它的内腔与铸件内腔相似,所造出型芯的外形与铸件内腔相同。图 3-5 所示为零件与模样的关系示意图。

制造模样和芯盒的材料很多,现在使用最多的是木材。用木材制造出来的模样称为木模,使用金属制造出来的模样称为金属模。木模适用于小批量生产;大批量生产大多采用金属模。金属模比木模耐用,但制造困难,成本高。模样和芯盒的形状尺寸由零件图的尺寸、加工余量、金属材料及制造和造芯方法确定。

在设计制造模样和芯盒时,必须注意分型面和分模面的选择。应选择铸件截面尺寸最大、有利于模样从型腔中取出、并使铸造方便和有利于保证铸件质量的位置作为分型面。此

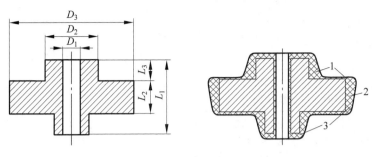

图 3-5 零件与模样关系示意图

1—铸造圆角；2—起模斜度；3—加工余量

外,还应注意:零件需要加工的表面要留有加工余量;垂直于分型面的铸件侧壁要有起模斜度,以利于起模;模样的外形尺寸要比铸件的外形尺寸大出一个合金收缩量;为便于造型及避免铸件在冷缩时尖角处产生裂纹和黏砂等缺陷,模壁间交角处要做成圆角;铸件上大于 25mm 的孔均要用型芯铸造出;为了安放和固定型芯,型芯上要有芯头;模样的相应部分要有在砂型中形成芯座的芯头,且芯头端部应有斜度。

3.2.5 造型

在砂型铸造中,主要的工作是用型砂和模样制造铸型。按紧实型砂的方法,造型分为手工造型和机械造型,本章主要介绍手工造型。

造型主要工序为填砂、舂砂、起模和修型。填砂是将型砂填充到已放置好模样的砂箱内,舂砂则是把砂箱内的型砂紧实,起模是把形成形腔的模样从砂型中取出,修型是起模后对砂型损伤处进行修理的过程。手工完成这些工序的操作方式即手工造型。手工造型方法很多,按模样特征可分为整模造型、分模造型、活块造型、挖砂造型、假箱造型和刮板造型等,按砂箱特征又可分为两箱造型、三箱造型和地坑造型等。各种造型方法的特点及应用见表 3-1。下面介绍几种常用的手工造型方法。

表 3-1 常用手工造型方法的特点和应用范围

分类	造型方式	特点			应用范围
		模样结构和分型面	砂箱	操作难易程度	
按模样特征	整模造型	整体模;分型面为平面	两个砂箱	简单	较广泛
	分模造型	分开模;分型面多为平面	两或三个砂箱	较简单	回转类铸件
	活块造型	模样上有妨碍起模的部分,做成活块;分型面多为平面	两或三个砂箱	较费事	单件小批量
	挖砂造型	整体模,铸件最大截面不在分型面处,造型时须挖去阻碍起模的型砂;分型面一般为曲面	两或三个砂箱	费事,对操作技能的要求高	单件小批生产的中小铸件
	假箱造型	为免去挖砂操作,用假箱代替挖砂操作;分型面仍为曲面	两或三个砂箱	较简单	需挖砂造型的成批铸件
	刮板造型	与铸件截面相适应的板状模样;分型面为平面	两箱或地坑	很费事	大中型轮类、管类铸件,单件

续表

分类	造型方式	特 点			应用范围
		模样结构和分型面	砂箱	操作难易程度	
按砂箱特征	两箱造型	各类模样手工或机器造型均可,分型面为平面或曲面	两个砂箱	简单	较广泛
	三箱造型	铸件截面为中间小两端大,用两箱造型取不出模样,必须用分开模;分型面一般为平面,有两个分型面	三个砂箱	费事	各种大小铸件,单件小批生产
	地坑造型	中、大型整体模、分开模均可;分型面一般为平面刮板模	上型用砂箱、下型用地坑	费事	大、中件单件生产

1. 整模两箱造型

整模两箱造型的特点是模样为整体,铸型的型腔一般只在下箱。造型时,整个模样能从分型面方便地取出。整模造型操作简便,铸型型腔不受上下砂箱错位的影响,所得铸型型腔的形状和尺寸精度较好,适用于外形轮廓上有一个平面可作分型面的简单铸件,如齿轮坯、轴承、皮带轮、罩等。图 3-6 所示为齿轮坯整模两箱造型的基本过程。

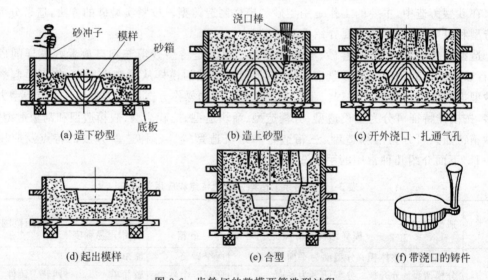

图 3-6 齿轮坯的整模两箱造型过程

2. 分模两箱造型

分模两箱造型的特点是当铸件截面中间小两端大时,如做成整体造型,很难从铸型中起模。因此,模样在最大截面处分开(用销钉定位,可合可分),有利于造型时顺利起模。

分模两箱造型操作较简便,适用于形状较复杂的铸件,特别是广泛用于有孔或带有型芯的铸件,如套筒、水管、阀体、箱体等。图 3-7 所示为轴套零件的分模造型操作过程。

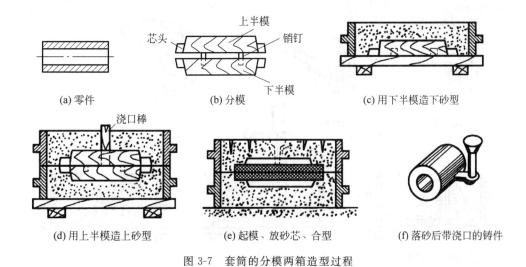

图 3-7　套筒的分模两箱造型过程

3．挖砂造型

有些铸件的最大截面在中部，且不宜做成分开结构，必须做成整体，在造型过程中局部被砂型埋住不能起出模样。这时就需要采用挖砂造型，即沿着模样最大截面挖掉一部分型砂，形成不太规则的分型面，如图 3-8 所示。

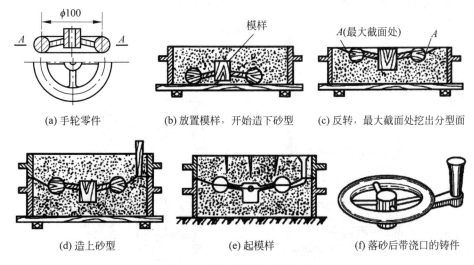

图 3-8　手轮的挖砂造型过程

4．活块造型

有些零件侧面带有凸台等凸起部分时，造型时这些凸出部分会妨碍模样从砂型中起出，故在模样制作时，将凸起部分做成活块，用销钉或燕尾槽与模样主体连接，起模时，先取出模样主体，然后从侧面取出活块，这种造型方法称为活块造型，如图 3-9 所示。

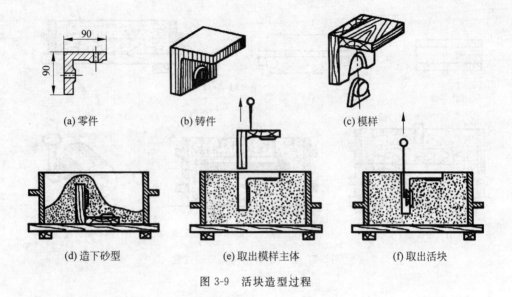

(a) 零件   (b) 铸件   (c) 模样

(d) 造下砂型   (e) 取出模样主体   (f) 取出活块

图 3-9　活块造型过程

5. 三箱造型

一些形状复杂的铸件,只用一个分型面的两箱造型难以正常取出型砂中的模样,必须采用三箱或多箱造型的方法。三箱造型有两个分型面,操作过程较两箱造型复杂,生产效率低,只适用于单件小批量生产,其工艺过程如图 3-10 所示。

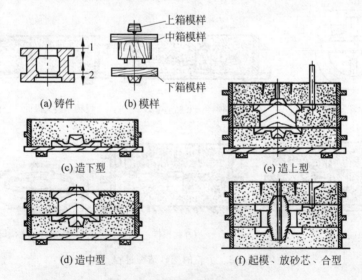

(a) 铸件   (b) 模样

(c) 造下型   (e) 造上型

(d) 造中型   (f) 起模、放砂芯、合型

图 3-10　槽轮的三箱造型过程

3.2.6　浇注系统

为保证金属液能顺利填充型腔而开设于铸型内部的一系列用来引入金属液的通道称为浇注系统。

1．浇注系统的作用

（1）使金属液平稳地充满铸型型腔，避免冲坏型腔壁和型芯；

（2）阻挡金属液中的熔渣进入型腔；

（3）调节铸型型腔中金属液的凝固顺序。

浇注系统对获得合格铸件、减少金属的消耗有重要作用。合理的浇注系统可以确保得到高质量的铸件，不合理的浇注系统会使铸件产生冲砂、砂眼、渣眼、浇不足、气孔和缩孔等缺陷。

2．典型的浇注系统

如图 3-11 所示，浇注系统主要由外浇道、直浇道、横浇道和内浇道组成。

图 3-11 浇注系统的组成
1—外浇道；2—直浇道；
3—横浇道；4—内浇道

1）外浇道

外浇道又称为外浇口，常用的有漏斗形和浇口盆两种形式。漏斗形外浇道是在造型时将直浇道上部扩大成漏斗形，因结构简单，常用于中、小型铸件的浇注。浇口盆用于大、中型铸件的浇注。外浇道的作用是承受来自浇包的金属液，缓和金属液的冲刷，使它平稳地流入直浇道。

2）直浇道

直浇道是浇注系统中的垂直通道，其形状一般是一个有锥度的圆柱体。它的作用是将金属液从外浇道平稳地引入横浇道，并形成充型的静压力。

3）横浇道

横浇道是连接直浇道和内浇道的水平通道，截面形状多为梯形。它除了向内浇道分配金属液外，还主要起挡渣作用，阻止夹杂物进入型腔。为了便于集渣，横浇道必须开在内浇道上面，末端距最后一个内浇道要有一段距离。

4）内浇道

内浇道是引导金属液流入型腔的通道，截面形状为扁梯形、三角形或月牙形，其作用是控制金属液流入型腔的速度和方向，调节铸型各部分温度分布。

3.2.7 合型

将已制作好的砂型和砂芯按照图样工艺要求装配成铸型的工艺过程叫合型。

1．下芯

下芯的次序根据操作上的方便和工艺上的要求进行。砂芯多用芯头固定在砂型里，下芯后要检验砂芯的位置是否准确，是否松动。要通过填塞芯头间隙使砂芯位置稳固。根据需要，也可用芯撑来辅助支撑砂芯。

2．合型

合型前要检查型腔内和砂芯表面的浮砂和脏物是否清除干净，各出气孔、浇注系统各部分是否畅通和干净,然后再合型。合型时,上型要垂直抬起,找正位置后垂直下落,按原有的定位方法准确合型。

3.铸型的紧固

小型铸件的抬型力不大,可使用压铁压牢。中、小型铸件的抬型力较大,可用螺栓或箱卡固定。

3.3 合金的熔炼与浇注

3.3.1 铸造合金种类

铸造用金属材料种类繁多,有铸铁、铸钢、铸造非铁合金(铝合金、铜合金、镁合金)等。合金熔炼的目的是获得符合要求的金属熔液。不同类型的金属,需要采用不同的熔炼方法及设备。如铸铁的熔炼多采用冲天炉,铸钢的熔炼采用转炉、平炉、电弧炉、感应电炉等,而非铁金属如铝、铜合金等的熔炼则采用坩埚炉。

1.铸铁

工业上常用的铸铁是碳的质量分数大于 2.11%,以铁、碳、硅为主要元素的多元合金。铸铁具有廉价的生产成本,良好的铸造性能、加工性能,耐磨性、减振性、导热性,以及适当的强度和硬度。因此,铸铁在工程上有比铸钢更广泛的应用。但铸铁的强度较低,且塑性较差,所以制造受力大而复杂的铸件,特别是中、大型铸件时往往采用铸钢。铸铁按用途分为常用铸铁和特种铸铁,常用铸铁包括灰铸铁、球墨铸铁、可锻铸铁、蠕墨铸铁,特种铸铁包括抗磨铸铁、耐腐蚀铸铁等。

2.铸钢

铸钢包括碳钢(碳的质量分数为 $0.20\%\sim0.60\%$ 的铁、碳二元合金)和合金钢(碳钢和其他合金元素组成的多元合金)。铸钢强度较高,塑性较好,具有耐热、耐蚀、耐磨等特殊性能,某些高合金钢具有特种铸铁所没有的良好加工性和焊接性。除应用于一般工程结构件外,铸钢还广泛应用于受力复杂、要求强度高且韧性好的铸件,如水轮机转子、高压阀体、大齿轮、辊子、球磨机衬板和挖掘机的斗齿等。

3.铸造非铁合金

常用的铸造非铁合金有铜合金、铝合金和镁合金等。其中铸造铝合金应用最多,它密度小,具有一定的强度、塑性及耐腐蚀性,广泛应用于制造汽车轮毂、发动机的汽缸体、汽缸盖、活塞等。铸造铜合金具有比铸造铝合金好得多的力学性能,并有优良的导电、导热性和耐蚀性,可以制造承受高应力、耐腐蚀、耐磨损的重要零件,如阀体、泵体、齿轮、蜗轮、轴承套、叶轮、船舶螺旋桨等。镁合金是目前最轻的金属结构材料,也是 21 世纪最具发展前景的金属材料之一,其密度小于铝合金,但比强度和比刚度高于铝合金。铸造镁合金已经开始广泛应用于汽车、航空航天、兵器、电子电器、光学仪器以及电子计算机等制造部门,如飞机的框架、起落架的轮毂和汽车发动机的缸盖等。

3.3.2 铝合金的熔炼

铸造铝合金是工业生产中应用最广泛的铸造非铁合金的方法之一。由于铝合金的熔点低,熔炼时极易氧化、吸气,合金中的低沸点元素(如镁、锌等)极易蒸发烧损,故铝合金的熔炼应在与燃料和燃气隔离的状态下进行。

1. 铝合金的熔炼设备

铝合金的熔炼一般是在坩埚炉内进行的。根据所用热源不同,有焦炭加热坩埚炉、电加热坩埚炉等不同形式。

通常用的坩埚有石墨坩埚和铁质坩埚两种。石墨坩埚用耐火材料和石墨混合并成形烧制而成,铁质坩埚由铸铁或铸钢铸造而成,可用于铝合金等低熔点合金的熔炼。

感应炉是利用一定频率的交流电通过感应线圈,使炉内的金属炉料产生感应电动势,并形成涡流,产生热量而使金属炉料熔化。根据所用电源频率的不同,感应炉分为高频感应炉(10 000Hz 以上)、中频感应炉(1 000~2 500Hz)和工频感应炉(50Hz)几种。图 3-12 所示是感应炉的结构示意图,它由坩埚和围绕其外的感应线圈组成。图 3-13 所示是小型的中频感应炉成套设备,通过感应电源的控制,不但可用于铝、锌、铜等合金的熔炼,而且常用于钢的熔炼。

图 3-12 感应炉结构示意图

图 3-13 中频感应炉

感应炉熔炼的优点是操作简单、热效率高、升温快、生产率高。

2. 炉料

铝合金熔炼时的炉料有金属料、熔剂、变质剂等。

金属料包括铝锭、废旧料、中间合金等。中间合金的作用是熔炼过程中用以调整铝合金的成分,常用的中间合金有铝硅合金、铝铜合金、铝镁合金等。

熔剂的作用是与铝液中的氧化物形成渣,常用的熔剂是 $KCl(50\%)+NaCl(50\%)$ 的混合物(比例为质量比)。

变质剂的作用是细化晶粒,从而提高铸件的力学性能。变质剂一般为钠盐或钾盐的混合物,常用变质剂有 $NaCl(33\%)+NaF(67\%)$ 和 $NaF(25\%)+NaCl(62\%)+KCl(13\%)$ 两种(比例为质量比),变质剂的加入量约为合金液质量的 $2\%\sim3\%$。

3. 熔炼工艺

(1) 溶剂保护：在一般熔炼温度下熔炼铝合金时，不必专门采取防氧化措施。但当铝合金中有促使 Al_2O_3 薄膜疏松的元素，如镁含量较高，或熔炼温度过高时($>900℃$)，必须采用熔剂保护。在熔炼时加入少量氯盐，把铝液覆盖起来，可减少铝合金的氧化，防止炉气中的有害气体进入铝液中。

(2) 铝合金的精炼：虽然氢在铝中溶解度不高，但铝合金由液态变为固态时溶解度变化极大，凝固时气体来不及逸出，便形成气孔。由于铝合金易氧化、气孔形成倾向大，所以铝合金必须进行精炼，以去除气体和氧化物夹杂。

常用精炼剂有 $ZnCl_2$、C_2Cl_6 等，精炼除气操作在熔炼后期变质处理之前进行。操作时将精炼剂用钟罩压入铝液中，反应后生成的四氯乙烯和三氯化铝，其沸点分别为 $121℃$ 和 $183℃$，在铝液温度下形成不溶于铝液的气泡并上浮，溶解于铝液中的过饱和氢原子和氢分子及其他气体迅速向气泡中扩散聚集。铝液中的氧化物等杂质也吸附在气泡表面，随气泡上浮而被带到液面上来，经扒渣而去除，从而使铝液得到净化，以防止铝铸件内部产生气孔和夹杂。

精炼前应将精炼剂按铝液质量比称好(C_2Cl_6 加入量为 $0.4\%\sim0.6\%$，$ZnCl_2$ 加入量为 $0.15\%\sim0.2\%$)，分成 $2\sim4$ 包用铝箔分别包好，铝液加热到 $700\sim730℃$ 后分批用钟罩压入液体深度的 $1/3$ 处，轻轻晃动，直到不冒气为止。精炼后，静置数分钟，让气泡全部逸出后即可浇注。

(3) 铝合金的变质处理：用含硅量大于 6%(质量分数)的铝合金(如 ZL102、ZL101 等)浇注厚壁铸件时，易出现针状粗晶粒组织，使铝合金的力学性能下降。为了消除这种针状组织，在浇注之前，用铝箔将变质剂包好，用钟罩或压勺将变质剂压入铝液面下 $40\sim60mm$，轻轻搅动，使其均匀地熔入铝液中，浇注前经炉前检验合格，即可浇注。铝合金凝固结晶时，变质剂中的钠原子可阻止硅生成针状粗晶粒组织，使晶粒细化，从而提高力学性能。

变质处理前应将配好的变质剂放到炉中，在 $300\sim400℃$ 的温度中烘烤 $3\sim5h$，以去除水分。

3.3.3 合金的浇注

把液体合金浇入铸型的过程称为浇注。浇注是铸造生产中的一个重要环节。浇注工艺是否合理，不仅影响到铸件的质量，还涉及工人的安全。

1. 浇注工具

浇注常用工具有浇包、挡渣钩等。浇注前应根据铸件的大小、批量选择合适的浇包，并对浇包和挡渣钩等工具进行烘干，以免降低金属液温度及引起液体金属的飞溅。

2. 浇注工艺

1) 浇注温度

浇注温度过高，金属液在铸型中收缩量增大，易产生缩孔、裂纹及粘砂等缺陷；温度过低，则金属液流动性差，又容易出现浇不足、冷隔和气孔等缺陷。合适的浇注温度应根据合金的种类和铸件的大小、形状及壁厚来确定。对形状复杂的薄壁灰铸铁件,浇注温度应为1 400℃左右。对形状较简单的厚壁灰铸铁件,浇注温度为1 300℃左右。铝合金的浇注温度一般在700℃左右。

2)浇注速度

浇注速度太慢,金属液冷却快,易产生浇不足、冷隔以及夹渣等缺陷;浇注速度太快,则会使铸型中的气体来不及排出而产生气孔,同时易造成冲砂、抬箱和跑火等缺陷。铝合金液浇注时勿断流,以防铝液氧化。

3)浇注的操作

浇注前应估算好每个铸型需要的金属液量,安排好浇注路线。浇注时应注意挡渣。浇注过程中应保持外浇口始终充满,这样可防止熔渣和气体进入铸型。浇注结束后,应将浇包中剩余的金属液倾倒在指定的地点。

3.4　特 种 铸 造

砂型铸造是铸造中应用最广的一种方法,但砂型铸造的精度、表面质量低,加工余量大,生产率低,很难满足各种类型生产的需求。为了满足生产的需要,往往采用其他一些铸造方法,这些除砂型铸造以外的铸造方法统称为特种铸造。特种铸造方法很多,目前应用较多的有金属型铸造、熔模铸造、压力铸造和离心铸造等。

3.4.1　金属型铸造

将金属液浇入用金属材料(铸铁或钢)制成的铸型来获得铸件的方法称为金属型铸造,又称硬模铸造。

金属型铸造的主要特点如下:

(1)一型多铸,生产率高;

(2)金属液冷却快,铸件内部组织致密,力学性能较好;

(3)铸件的尺寸精度和表面粗糙度较砂型铸件好。

由于金属型成本高,无退让性和冷速快,主要适用于大批量生产形状简单的有色金属铸件,如铝合金活塞、铝合金缸体等。

3.4.2　熔模铸造

熔模铸造又称失蜡铸造,它是用易熔材料(如蜡料)制成零件的模样,在蜡模上涂挂几层耐火材料,经硬化、加热,将脱掉蜡模后的模壳经高温焙烧装箱加固后,趁热进行浇注,从而获得铸件的一种方法。

熔模铸造的主要特点如下:

(1)此法无起模、分型、合型等操作,能获得形状复杂、尺寸精度高、表面粗糙度 Ra 值小的铸件,故又有精密铸造之称;

(2)适用于各种铸造合金,尤其是高熔点、难加工的耐热合金。

此法由于受蜡模强度的限制,目前主要用于生产形状复杂、精度要求高或难以进行锻压、切削加工的中小型铸钢件、不锈钢件、耐热钢件等,如汽轮机叶片、成形刀具、锥齿轮等。

3.4.3　压力铸造

将金属液在高压下高速注入铸型,并在压力下凝固成形的铸造方法称为压力铸造。

压力铸造的主要特点如下:

(1) 生产率极高;

(2) 铸件表面质量好,特别是能铸出壁很薄、形状很复杂的铸件。

因铸件内部易产生细小分散的气孔,故压铸件不能进行热处理和在高温条件下工作。此法主要用于大批量生产形状复杂的有色金属薄壁件,在航空、汽车、电器、仪表工业中得到广泛应用。为进一步提高压铸件的内在质量,近年来又出现了真空压铸、吹氧压铸、低压铸造等压铸新工艺。

3.4.4　离心铸造

将熔融金属浇入旋转的铸型内,在离心力的作用下填充铸型而凝固成形的铸造方法,称为离心铸造。离心铸造的铸型可以是金属型,也可以是砂型。金属型模的旋转速度根据铸件结构和金属液体重力决定,应保证金属液在金属型腔内有足够的离心力不产生淋落现象,离心铸造常用的旋转速度为 $250\sim1\,500$ r/min。离心铸造的主要特点如下:

(1) 铸件组织细密,无缩孔、气孔等缺陷;

(2) 不用型芯便可制得中空铸件;

(3) 不需要浇注系统,提高了液体金属的利用率。

离心铸造存在内表面质量较差的问题,对成分上易产生偏析的合金不宜采用。目前主要用于圆形空心铸件的生产,也可铸造成形铸件及双金属铸件,如铸铁管、轴瓦(钢套铜衬)等。

3.5　安全操作规程

(1) 进入实验室必须穿合身的工作服、戴工作帽,禁止穿高跟鞋、拖鞋、凉鞋、裙子、短裤,以免发生烫伤。

(2) 操作前要检查自用设备、工具、砂箱是否完好,选好模样。

(3) 造型时要保持分型面平整、吻合,严禁用嘴吹型砂和芯砂,以免损伤眼睛。

(4) 造好的铸型按指导人员要求摆放整齐,准备浇铸。

(5) 浇包在使用前必须烘干,不准有积水。

(6) 浇包内金属液不得超过浇包总质量的 80%,以防抬运时飞溅伤人。

(7) 浇铸场地和通行道路不得放置其他不需要的东西,浇铸场地不得有积水,防止金属液落下引起飞溅伤人。

(8) 浇铸时要戴好防护眼镜、安全帽等安全用品,不参与浇铸的同学应远离浇包,以防烫伤。

(9) 浇铸剩余金属液要向固定地点倾倒。

（10）落砂后的铸件未冷却时，不得用手触摸，防止烫伤。

（11）清理铸件时，要注意周围环境，以免伤人。

（12）搬动砂箱要轻拿轻放，以防砸伤手脚或损坏砂箱。

（13）训练结束后，清扫工作场地，工具、模样必须摆放整齐。

复习思考题

1. 填空题

（1）铸造工艺方法很多，一般分为＿＿＿＿和＿＿＿＿两大类。

（2）凡不同于砂型铸造的所有铸造方法，统称为＿＿＿＿，如＿＿＿＿、＿＿＿＿和＿＿＿＿等。

（3）浇注系统主要由＿＿＿＿、＿＿＿＿、＿＿＿＿和＿＿＿＿组成。

（4）型砂与芯砂应具备的主要性能包括＿＿＿＿、＿＿＿＿、＿＿＿＿、＿＿＿＿、＿＿＿＿、＿＿＿＿和＿＿＿＿。

（5）通常用的坩埚有＿＿＿＿坩埚和＿＿＿＿坩埚两种。

2. 选择题

（1）铸造的突出优点之一是能制造（　　）。

    A. 形状复杂的毛坯   B. 形状简单的毛坯

    C. 大件毛坯   D. 小件毛坯

（2）对质量要求高的铸件，应优先考虑（　　）。

    A. 浇注位置   B. 简化工艺

    C. 便于实现定向凝固   D. 便于起模

（3）铸铁件产生热裂的原因为（　　）。

    A. 含硫过多   B. 含磷过多   C. 浇注温度太高   D. 浇注温度太低

（4）铸造生产中，用于熔化铝合金的炉子的名称是（　　）。

    A. 电弧炉   B. 坩埚炉   C. 感应电炉   D. 冲天炉

3. 简答题

（1）试述砂型铸造的工艺过程。

（2）结合自己使用型砂进行造型的体验，简述对型砂的主要要求。

（3）铝合金铸造有何特点？熔炼铝合金时应注意什么问题？

第4章

CHAPTER 4

塑性成形

问题导入

法兰盘毛坯件可利用铸造工艺获得,这是一种常用的加工方法,具有生产效率高,生产成本低的优点,适用于中低压管道。然而,铸造法兰可能会存在一定的工艺缺陷(如气孔、裂纹、夹杂等),如图 4-1 所示。而且,铸件的内部组织流线型较差。那么,对于铸造法兰的这些缺陷,我们有没有其他的工艺方法予以弥补?我们可以选择另外一种工艺方法进行加工,即塑性成形。图 4-2 所示法兰盘便是经塑性成形后再通过切削加工而成的。

图 4-1 法兰盘铸造缺陷

图 4-2 塑性成形法兰盘

4.1 概　述

塑性成形是固态金属在外力作用下产生塑性变形,获得所需形状、尺寸及力学性能的毛坯或零件的加工方法。塑性成形加工的零件金相组织较致密均匀、组织流线型好,使得零件拉伸、剪切等力学性能良好,且不存在铸件中的气孔、夹杂等有害缺陷。因此,对于高压力工作管道的连接,适合采用塑性成形的方法获得法兰毛坯件。

常用塑性成形加工方法有:锻造、挤压、冲压等,其中锻造和冲压合称为锻压。锻压利用锻压机械的锤头、砧块、冲头或通过模具对坯料施加压力,使之产生塑性变形从而获得所需形状和尺寸的制件。其实,锻压件从古至今发展了上千年,而锻压制品从天上飞的到地下用的,比比皆是,如图 4-3 所示。图中 A380 客机起落架就是放在俄罗斯 7.5 万吨锻压机上整体锻压成形的。

图 4-3 锻压示例

工业革命之前,类似马蹄铁、冷兵器、盔甲都是由铁匠们手工锻造而成,将金属反复加热锤击从而得到一定形状和力学性能的器具。如今随着科技的进步,锻造工艺也发生了突飞猛进的变化,尤其是大型锻压设备的出现,实现了大型锻件的自动化生产,如图 4-4 所示。

(a) 手工锻造   (b) 大型锻造设备

图 4-4 锻造的发展

金属可锻性可使金属材料在工具及模具外力作用下发生塑性成形。所以,金属材料具有可锻性是原材料能够经锻压工艺成形的前提。

4.2 锻   造

4.2.1 锻造工艺简介

锻造俗称打铁,实质是利用金属的塑性使金属毛坯改变形状和性能而成为合格锻件的加工过程。其工艺过程一般由以下工序组成:选取优质钢坯下料、加热、成形、锻后冷却、热处理以及产品检验。锻造的工艺方法有自由锻、模锻和胎膜锻。生产时依据锻件质量的大小,生产批量的多少选择不同的锻造方法。下面依次介绍锻造工艺的各工序。

1. 加热

对于热锻,材料锻前加热的目的在于提高金属塑性、降低变形抗力,即提高材料的可锻性,从而使金属易于流动成形,使锻件获得良好的锻后组织和力学性能。

加热方法有燃料(火焰)加热和电加热两种。燃料加热是利用固体(煤、焦炭等)、液体(柴油等)或气体(煤气、天然气等)燃料燃烧时产生的热能对坯料进行加热。燃料加热成本低,但是炉内气氛、炉温及加热质量比较难控制。电加热是将电能转换为热能对金属坯料进行加热,分为电阻加热和感应加热。电加热速度快、炉温控制准确、加热质量好、氧化少,但是成本高。

锻造温度范围:坯料开始锻造的温度(始锻温度)和终止锻造的温度(终锻温度)之间的温度间隔,称为锻造温度范围。锻造用料主要是各种成分的碳素钢和合金钢,其次是铝、镁、铜、钛等及其合金,不同材料的始锻温度与终锻温度都有严格的要求(表 4-1)。在保证不出现加热缺陷的前提下,始锻温度应取得高一些,以便有较充裕的时间锻造成形,减少加热次数。在保证坯料还有足够塑性的前提下,终锻温度应定得低一些,以便获得内部组织细密、力学性能较好的锻件,但终锻温度过低会使金属难以继续变形,易出现锻裂现象甚至损坏锻造设备。

表 4-1   常用钢材的锻造温度范围

钢 类	始锻温度/℃	终锻温度/℃	钢 类	始锻温度/℃	终锻温度/℃
碳素结构钢	1 200～1 250	800	高速工具钢	1 100～1 150	900
合金结构钢	1 150～1 200	800～850	耐热钢	1 100～1 150	800～850
碳素工具钢	1 050～1 150	750～800	弹簧钢	1 100～1 150	800～850
合金工具钢	1 050～1 150	800～850	轴承钢	1 080	800

其中,锻造温度的控制方法有下列两种:

(1) 温度计法:通过加热炉上的热电偶温度计显示炉内温度,可知道锻件的温度;也可以使用光学高温计测量锻件温度。

(2) 目测法:实习中或单件小批生产的条件下可根据坯料的颜色和明亮度不同来判别温度,即用火色鉴别法。如表 4-2 所示。

表 4-2   温度与火色的关系

火色	黄白	淡黄	黄	淡红	樱红	暗红	赤褐
温度/℃	1 300	1 200	1 100	900	800	700	600

2. 成形

按照生产工具的不同,将锻造分成自由锻造、模型锻造、胎模锻、碾环和特种锻造。其中自由锻造、模型锻造是本章接下来的重点内容。按照不同的锻造温度,锻造又可分为热锻、温锻和冷锻。根据锻模的运动方式,锻造又可分为摆碾、摆旋锻、辊锻、楔横轧、碾环和斜轧等方式。锻造原材料有棒料、铸锭、金属粉末和液态金属形态。

3. 锻后冷却

锻件冷却是保证锻件质量的重要环节。通常,锻件中的碳及合金元素含量越多,锻件体积越大,形状越复杂,冷却速度越要缓慢,否则会造成锻件变形甚至开裂,表面过硬不易进行切削加工。

常用的冷却方法有三种:

(1) 空冷:锻后在无风的空气中,放在干燥的地面上冷却。常用于低、中碳钢和合金结构钢的小型锻件。

(2) 坑冷:锻后在充填有石灰、砂子或炉灰的坑中冷却。常用于合金工具钢锻件,而碳素工具钢锻件应先空冷至 $650 \sim 700℃$，然后再坑冷。

（3）炉冷：锻后放入 $500 \sim 700℃$ 的加热炉中缓慢冷却。常用于高合金钢及大型锻件。

以上三种冷却方法的概括描述见表 4-3。

表 4-3　锻件常用的冷却方式

方式	特　点	使 用 场 合
空冷	锻后置空气中散放,冷速快,晶粒细化	低碳、低合金钢的中小件或锻后不直接切削加工件
坑冷(堆冷)	锻后置干沙坑内或箱内堆在一起,冷速稍慢	一般锻件,锻后可直接切削
炉冷	锻后置原加热炉中,随炉冷却,冷速极慢	含碳或含合金成分较高的中、大锻件,锻后可切削

4．锻件的热处理

在机械加工前,锻件一般需要进行热处理,目的是均匀组织,细化晶粒,减少锻造产生的残余应力,调整硬度,改善机械加工性能,为最终锻件机械加工做准备。常用的热处理方法有正火、退火、球化退火等,不同锻件材料的种类和化学成分选择不同热处理方式,在第 1 章"工程材料及热处理"中已有所介绍。

另外,金属在变形前的横断面积与变形后的横断面积之比称为锻造比。正确地选择锻造比、加热温度、保温时间、始锻温度和终锻温度、变形量及变形速度对提高产品质量,降低成本有很大关系。

4.2.2　自由锻造

自由锻造是利用冲击力或压力使金属在上下砧面间各个方向自由变形,不受任何限制而获得所需形状及尺寸和一定机械性能的锻件的一种加工方法,简称自由锻。自由锻分手工自由锻和机器自由锻两种。

无论手工自由锻还是机器自由锻,其工艺过程都是由一些锻造工序组成。根据变形的性质和程度不同,自由锻工序(工序是指在一个工作地点对一个工件所连续完成的那部分工艺过程)可分为基本工序和辅助工序。基本工序有镦粗、拔长、冲孔、扩孔、芯轴拔长、切割、弯曲、扭转、错移、锻接等,其中镦粗、拔长和冲孔三个工序应用得最多。辅助工序有切肩、压痕等;精整工序有平整、整形等。

下面以大型法兰盘锻造毛坯件为例分别对锻造的基本工序进行详细讲述。

1．镦粗

镦粗是使坯料的截面增大,高度减小的锻造工序。主要用来锻造圆盘类(如齿轮坯)及法兰等锻件,在锻造空心锻件时,可作为冲孔前的预备工序,同时也可作为提高锻造比的预备工序。镦粗有完全镦粗(图 4-5(a))、局部镦粗(图 4-5(b))和垫环镦粗三种方式。局部镦粗按其镦粗的位置不同又可分为端部镦粗(图 4-6)和中间镦粗两种。

对于法兰盘的第一道锻造工序,首先选择圆形

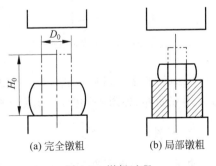

(a) 完全镦粗　　　(b) 局部镦粗

图 4-5　镦粗过程

铸锭经加热后由空气锤(或其他设备)进行镦粗,即用锤头反复镦压。为便于理解,简图中我们以灰色圆柱作为圆形铸锭,黑色作为锤头,锤头的上下移动实现对铸锭的镦粗,如图 4-7所示。

图 4-6　端部镦粗件

图 4-7　法兰盘的镦粗过程

2. 冲孔

冲孔是用冲子在坯料冲出透孔或不透孔的锻造工序。冲孔前先要镦粗,是为了减少冲孔深度并使端面平整。由于冲孔锻件的局部变形量很大,为了提高塑性防止冲裂,冲孔应在始锻温度下进行。冲孔时需要试冲,即先用冲子轻冲出孔位的凹痕,并检查孔的位置是否正确,如果有偏差,可将冲子放在正确的位置上再试冲一次,加以纠正。

根据冲孔所用冲子形状的不同,冲孔分实心冲子冲孔和空心冲子冲孔。实心冲子冲孔分单面冲孔和双面冲孔。

(1) 单面冲孔:对于较薄工件,即工件高度与冲孔孔径之比小于 0.125 时,可采用单面冲孔(图 4-8)。冲孔时,将工件放在漏盘上,冲子大头朝下,漏盘的孔径和冲子的直径应有一定的间隙,冲孔时应仔细校正,冲孔后稍加平整。

(2) 双面冲孔:其操作过程为镦粗,试冲,撒煤粉,冲孔(即冲孔到锻件厚度的 2/3~3/4),翻转 180°找正中心,冲除连皮,修整内孔,修整外圆。如图 4-9 所示。

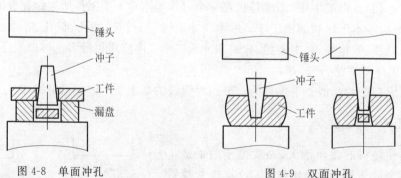

图 4-8　单面冲孔　　　　　　　　　　图 4-9　双面冲孔

经镦粗的法兰盘坯料进行第二道工序是冲孔。大型法兰盘高度与冲孔孔径之比较大,故采用双面冲,如图 4-10(a)、4-10(b)所示。图 4-10(c)所示为经冲孔后的法兰盘坯料。

3. 扩孔

扩孔是空心坯料壁厚减薄而内外径增加的锻造工序。其实质是沿圆周方向的变相拔

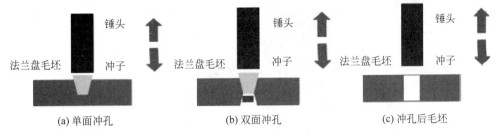

(a) 单面冲孔　　　(b) 双面冲孔　　　(c) 冲孔后毛坯

图 4-10　法兰盘冲孔

长。扩孔的方法有冲头扩孔、马杠扩孔和劈缝扩孔三种,扩孔适用于锻造空心圈和空心环
锻件。

自由锻的扩孔分为冲头扩孔和芯轴扩孔。冲头扩孔的过程是用直径比空心坯料内孔大
的带有锥度的冲子,穿过坯料的内孔而使其内孔扩大,如图 4-11 所示。芯轴扩孔是将芯轴
穿过坯料而放在马架上,坯料每转过一个角度压下一次,逐渐将坯料的薄壁压薄、内外径扩
大的加工工序,如图 4-12 所示。同样以示意图的形式画出法兰盘的扩孔工序,法兰盘尺寸
较大故先采用冲头扩孔再利用芯轴扩孔。如图 4-13(a)所示是用冲头扩孔,扩孔后再用芯轴
扩孔的方法进一步扩孔,如图 4-13(b)所示,最终得到图 4-14 所示经锻造后的法兰盘坯料。

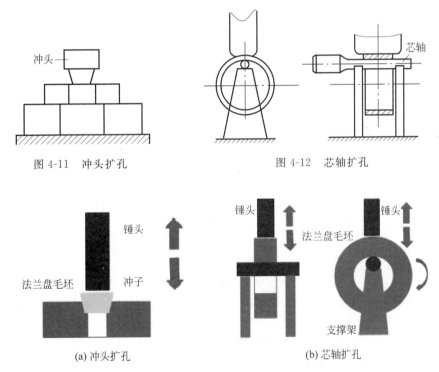

图 4-11　冲头扩孔　　　　　　图 4-12　芯轴扩孔

(a) 冲头扩孔　　　　　　(b) 芯轴扩孔

图 4-13　法兰盘扩孔

锻造后的法兰盘毛坯件还需要经过车削、铣削等机械加工,从而获得最终表面光整、尺
寸合格的法兰盘。

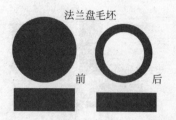

图 4-14 锻造工艺前后模型对比

4. 拔长

拔长是使坯料长度增加,横截面减小的锻造工序,又称延伸或引伸,如图 4-15 所示。拔长用于锻制长而截面小的工件,如轴类、杆类和长筒形零件。

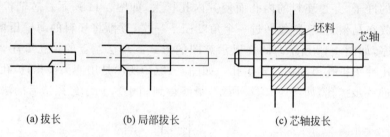

(a)拔长　　　　　　(b)局部拔长　　　　　　(c)芯轴拔长

图 4-15　拔长

拔长时,坯料应沿砧铁的宽度方向送进,每次的送进量应为砧铁宽度的 0.3～0.7 倍(图 4-16(a))。送进量太大,金属主要向宽度方向流动,反而降低材料伸长率(图 4-16(b));送进量太小,又容易产生夹层(图 4-16(c))。另外,每次材料压下量也不要太大,应等于或小于送进量,否则也容易产生夹层。

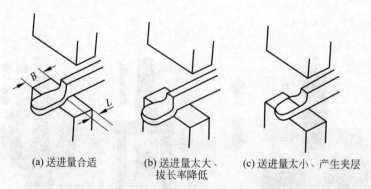

(a)送进量合适　　　　(b)送进量太大、　　　　(c)送进量太小、产生夹层
　　　　　　　　　　　　拔长率降低

图 4-16　拔长时的送进方向和进给量

5. 弯曲

使坯料弯成一定角度或形状的锻造工序称为弯曲。弯曲用于锻造吊钩、链环、弯板等锻件,如图 4-17 所示为锻造吊钩。弯曲时锻件的加热部分最好只限于被弯曲的一段,加热必须均匀。弯曲时,将坯料夹在上下砧铁间,使欲弯曲的部分露出,然后用手锤或大锤将坯料

打弯,如图 4-18(a)所示。或借助于成形垫铁、成形压铁等辅助工具使其产生成形弯曲,如图 4-18(b)所示。

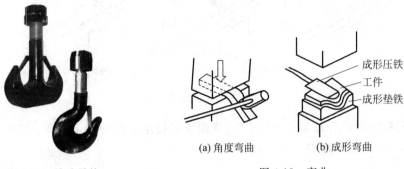

图 4-17 锻造吊钩

(a) 角度弯曲　　(b) 成形弯曲

成形压铁
工件
成形垫铁

图 4-18 弯曲

6. 扭转

将毛坯的一部分相对于另一部分绕其轴心线旋转一定角度的锻造工序称为扭转,如图 4-19 所示。锻造多拐曲轴、连杆、麻花钻等锻件以及校直锻件时常用这种工序。

扭转前,应将整个坯料先在一个平面内锻造成形,并使受扭曲部分表面光滑,然后进行扭转。扭转时,由于金属变形剧烈,要求受扭部分加热到始锻温度,且均匀热透。扭转后,要注意缓慢冷却,以防出现扭裂。

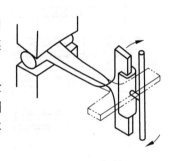

图 4-19 扭转

7. 错移

将毛坯的一部分相对另一部分上、下错开,但仍保持这两部分轴心线平行的锻造工序,错移常用来锻造曲轴。错移前,毛坯须先进行压肩等辅助工序,如图 4-20 所示。

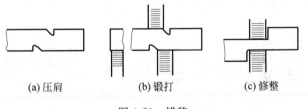

(a) 压肩　　　　(b) 锻打　　　　(c) 修整

图 4-20 错移

8. 切割

切割是使坯料分开的工序,如切去料头、下料和切割成一定形状等。一般小毛坯的切割采用手工,把工件放在砧面上,錾子垂直于工件轴线,边錾边旋转工件。快切断时,应将切口稍移至砧边处,轻轻将工件切断;大截面毛坯则是在锻锤或压力机上切断。方形截面的切割是先将剁刀垂直切入锻件,至快断开时,将工件翻转 180°,再用剁刀或克棍把工件截断,如图 4-21(a)所示。切割圆形截面锻件时,要将锻件放在带有圆凹槽的剁垫上,边切边旋转锻件,如图 4-21(b)所示。

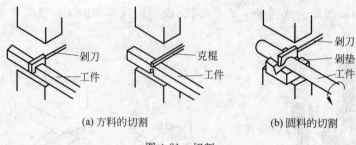

(a) 方料的切割   (b) 圆料的切割

图 4-21　切割

针对不同的锻件,合理组合上述工序,从而实现特定锻件的加工生产。其中,常见锻件类型及相应的加工工序如表 4-4 所示。

表 4-4　自由锻件类型及相应的加工工艺方案

序号	类别	图　　例	变形工序方案	实　　例
1	盘类锻件		① 镦粗或局部镦粗 ② 冲孔	法兰、齿轮叶轮、模块等
2	轴类锻件		① 拔长—切肩—锻台阶 ② 镦粗—拔长	传动轴、齿轮轴、连杆
3	筒类件		① 镦粗 ② 拔长 ③ 芯轴拔长	圆筒、套、空心轴
4	环类件		① 镦粗 ② 冲孔 ③ 芯轴上扩孔	圆环、齿圈、法兰等
5	曲轴类锻件		① 拔长 ② 错移 ③ 锻台阶 ④ 扭转	各种曲轴、偏心轴
6	弯曲类锻件		① 同轴类工序 ② 弯曲	吊钩、弯接头等

4.2.3　模型锻造

将加热后的坯料放到锻模的模腔内,经过锻造,使其在模腔所限制的空间内产生塑性变形,从而获得锻件的方法称之为模型锻造,简称模锻,如图 4-22 所示。模锻的生产率高,并可锻出形状复杂、尺寸准确的锻件,适宜在大批量生产条件下,锻造形状复杂的中、小型锻件。目前常用的模锻设备有蒸汽-空气模锻锤、摩擦压力机等。蒸汽-空气模锻锤的规格以落下部分的质量来确定,常用的为 1~10t。对于模锻件,依据形状的不同大体可分为短轴类(或盘套类)和长轴类锻件,如表 4-5 所示。

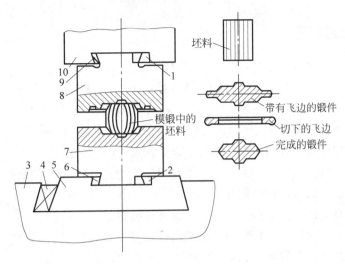

图 4-22 模锻工作示意图

1—上模用键；2—下模用键；3—砧座；4—模座用楔；5—模座；6—下模用楔；7—下楔；8—上模；9—上模用楔；10—锤头

表 4-5 模锻件的分类

类　　别	锻件实例
短轴类锻件	
长轴类锻件	

4.2.4 胎膜锻

胎模锻是在自由锻设备上使用简单的模具(称为胎模)生产锻件的方法。胎模的结构形式较多,如图 4-23 所示为其中一种,它由上、下模块组成,模块上的空腔称为模腔,模块上的导销和销孔可使上、下模腔对准,手柄用来搬动模块。常用的胎模结构形式主要有套筒模和合模两种。套筒模有开式筒模、闭式筒模和组合式筒模,主要用于锻造齿轮、法兰盘等回转体锻件。合模主要用于锻造连杆、叉形件等形状较复杂的非回转体锻件。

胎模锻的模具制造简便,在自由锻锤上即可进行锻造,不需模锻锤。成批生产时,与自由锻相比较,锻件质量好,生产效率高,能锻造形状较复杂的锻件,在中小批生产中应用广泛。但劳动强度大,只适于小型锻件。

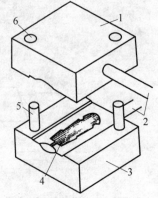

图 4-23 胎模

1—上模块;2—手柄;3—下模块;
4—模腔;5—导销;6—销孔

胎模锻造所用胎模不固定在锤头或砧座上,按加工过程需要可随时放在上下砧铁上进行锻造。锻造时,先把下模放在下砧铁上,再把加热的坯料放在模腔内,然后合上上模,用锻锤锻打上模背部。待上、下模接触,坯料便在模腔内锻成锻件。胎模锻时,锻件上的孔不能冲通,留有冲孔连皮;锻件的周围亦有一薄层金属,称为毛边。因此,胎模锻后需要进行冲孔和切边,以去除连皮和毛边。其过程如图 4-24 所示。

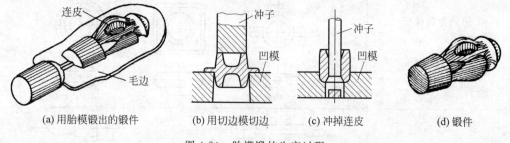

(a) 用胎模锻出的锻件　　(b) 用切边模切边　　(c) 冲掉连皮　　(d) 锻件

图 4-24 胎模锻的生产过程

4.3 冲 压

4.3.1 冲压工艺简介

冲压是锻压生产中的另外一种工艺,冲压通过装在压力机上的模具对板料施压,使之产生分离或变形,从而获得一定形状、尺寸和性能的零件或毛坯的工艺。图 4-25 所示为常见的冲压件。板料、模具和冲压设备是冲压生产的三要素。为了获得优质价廉的冲压零件,必须提供优质的板料、先进的模具和性能优良的冲压设备,只有三者相互结合才能获得优质的冲压件。依据原材料加热情况冲压加工分为热冲压和冷冲压,前者适合变形抗力高,塑性较差的板料冲压;而冷冲压则是在室温下进行,是薄板常用的冲压方法。

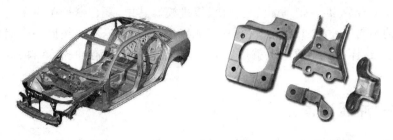

图 4-25 常见冲压件

冲压件与铸件、锻件相比，具有薄、匀、轻、强的特点。冲压可制出其他方法难于制造的带有加强筋、肋、起伏或翻边的工件，以提高工件刚性。由于采用精密模具，冷冲压件一般不再经切削加工，或仅需要少量的切削加工。所以，法兰盘零件的加工采用冲压工艺也就凸显了更大的优势：生产率高、产品尺寸精度稳定、操作简单、容易实现机械化和自动化等。

4.3.2 冲压材料

冲压材料是影响零件质量和模具寿命的重要因素，目前用于冲压的材料一般有：低碳钢、不锈钢、铝及铝合金、铜及铜合金等。依据冲压材料的不同，冲压工艺可分为：铜制品冲压加工、铝制品冲压加工、不锈钢冲压加工、镀锌钢冲压加工和冷轧钢冲压加工等。

对金属材料冲压性能的要求有

(1) 材料的宏观质量特征：具有良好的机械性能（抗拉强度、屈服强度、伸长率等）及较大的变形能力。

(2) 材料的微观质量特征：具有理想的金相组织结构，体现在碳化物的球化程度。

4.3.3 冲压模具

根据工艺性质冲压模具分为：拉延模、成形模、翻边整形模、翻孔模、弯曲模；落料冲孔模、切边冲孔模、切断模、切口模、侧冲孔模等，如图 4-26 所示为单工序冲孔模具，模具实物如图 4-27 所示。

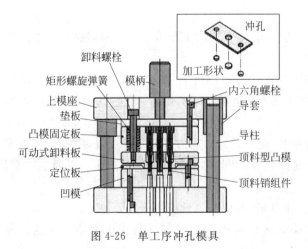

图 4-26 单工序冲孔模具

图 4-27 冲压模具

　　根据工序组合分为：单工序模、复合模、级进模。其中,复合模是在冲床的一次行程中完成一系列的不同的冲压加工。一次行程完成以后,由冲床送料机按照一个固定的步距将材料向前移动,这样在一副模具上就可以完成多个工序,一般有冲孔、落料、折弯、切边、拉深等。

4.3.4　冲压设备

　　早期的冲压是利用铲、剪、冲头、手锤、砧座等简单工具,通过手工剪切、冲孔、铲凿、敲击使金属板材(主要是铜或铜合金板等)成形,从而制造锣、铙、钹等乐器和罐类器具。随着中、厚板材产量的增长和冲压液压机和机械压力机的发展,冲压加工在 19 世纪中期开始机械化。

1. 冲压设备组成

　　特定形状冲压件的冲压过程包括：由校正机改变材料弯曲、平整程度—送料机完成原材料的输送—冲压模具正确安装—冲压机完成冲压工作,如图 4-28 所示。

2. 冲压机种类

　　机械压力机类(代号 J)：有曲柄压力机、偏心压力机、拉延压力机、摩擦压力机、挤压用压力机和专门化压力机等。机械冲压机的特点：快速方便、适合冲裁、剪切等切断类工艺,容易调整和维修。

　　液压压力机类(代号 Y)：分为油压机和水压机,用于冲压和锻造(代号 D)。液压机具有工作平稳,速度较低,容易获得大的工作行程和大的压力,工作压力可调,可实现保压防止过载,调速方便等特点。用于小批量大型厚板冲压件的生产。

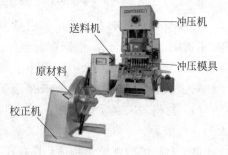

图 4-28　冲压设备组成

4.3.5　冲压工序的分类

　　冲压加工因制件的形状、尺寸和精度的不同,所采用的工序也不同。根据材料的变形特点将冲压工序分为分离工序和成形工序。

　　(1) 分离工序(也统称为冲裁)是指坯料在冲压力作用下,变形部分的应力达到强度极限后,使坯料发生断裂而产生分离。主要工序有：落料、冲孔、切断、修边、切口等,如图 4-29 所示。

　　(2) 成形工序是指坯料在冲压作用力下,变形部分的应力达到屈服极限,但未达到强度极限,使坯料产生塑性变形,成为具有一定形状、尺寸与精度制件的加工工序。主要工序有：拉延(或成形)、弯曲、翻边、整形、翻孔等。

　　结合法兰盘案例,制定合理的冲压工序方案,实现法兰盘的冲压成形加工。

　　(1) 选择材料：在这里我们选用优质碳素结构钢 08F 牌号沸腾钢作为冲压法兰盘原材料。

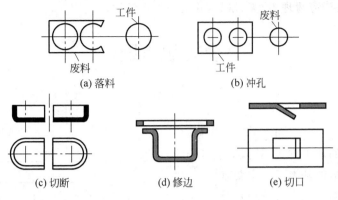

图 4-29　分离工序简图

（2）由裁板机下料。

（3）冲压模具采用级进模，实现一副模具完成多个工序。设计冲压工序：冲孔—翻边—落料。如图 4-30（a）所示是经冲孔工序后的坯料，紧接着翻边工序如图 4-30（b）所示，最后得到经落料工序的法兰盘成品如图 4-30（c）所示。

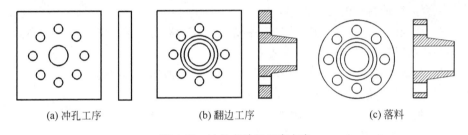

图 4-30　法兰盘冲压工序方案

4.4　安全操作规程

（1）实习前穿戴好各种安全防护用品，不得穿拖鞋、背心、短裤、短袖衣服。

（2）检查各种工具（如榔头、手锤等）的木柄是否牢固。

（3）严禁用铁器（如钳子、铁棒等）捅电气开关。

（4）坯料在炉内加热时，风门应逐渐加大，防止突然高温使煤屑和火焰喷出伤人。

（5）两人手工锤打时，必须高度协调。要根据加热坯料的形状选择好夹钳，夹持牢靠后方可锻打，以免坯料飞出伤人。拿钳子不要对准腹部，挥锤时严禁任何人站在后面 2.5m 以内。坯料切断时，打锤者必须站在被切断飞出方向的侧面，快切断时，大锤必须轻击。

（6）只有在指导人员直接指导下才能操作空气锤。空气锤严禁空击、锻打未加热的锻件、终锻温度极低的锻件以及过烧的锻件。

（7）锻锤工作时，严禁用手伸入工作区域内或在工作区域内放取各种工具、模具。

（8）设备一旦发生故障时应首先关机、切断电源。

（9）锻区内的锻件毛坯必须用钳子夹取，不能直接用手拿取，以防烫伤，要知"红铁不烫人而黑铁烫人"的常识。

（10）实习完毕应清理工、夹、量具，并清扫工作场地。

复习思考题

1．填空题

（1）锻压是_____和_____的总称。

（2）按锻造的加工方式不同，锻造可分为_____、_____和_____等类型。

（3）自由锻造的基本工序主要有_____、_____、_____、_____等。

（4）冲压的基本工序可分为两类，一是_____，二是_____。

（5）分离工序是指冲压件与板料沿一定的轮廓线相互分离的冲压工艺，主要有_____、_____、_____、_____等。成形工序主要有_____、_____、_____、_____等。

2．单项选择题

（1）下列为锻造特点的是（　　　）。

    A．省料　　　　　　B．生产效率低　　　　C．提高力学性能

（2）锻造前对金属进行加热，目的是（　　　）。

    A．提高塑性　　　　B．降低塑性　　　　　C．增加变形抗力

（3）利用模具使坯料变形而获得锻件的方法为（　　　）。

    A．机锻　　　　　　B．模锻　　　　　　　C．胎膜锻

（4）冲孔时，在坯料上冲下的部分是（　　　）。

    A．成品　　　　　　B．废品　　　　　　　C．工件

（5）使坯料高度缩小，横截面积增大的锻造工序是（　　　）。

    A．冲孔　　　　　　B．镦粗　　　　　　　C．拔长

（6）扭转是（　　　）。

    A．锻造工序　　　　B．冲压工序

第5章

焊接成形

问题导入

图 5-1 所示零件是众多法兰盘零件中的一种,叫焊接法兰。焊接法兰是管子与管子相互连接的零件,连接于管端。焊接法兰上有孔眼,用螺栓将两法兰紧连,两法兰间用衬垫密封。焊接法兰是一种盘状零件,是高压管道施工的重要连接方式。由于焊接法兰具有良好的综合性能,所以它广泛用于化工、建筑、给水、排水、石油、轻重工业、冷冻、卫生、水暖、消防、电力、航天、造船等基础工程。

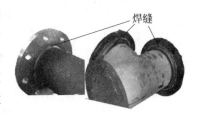

焊缝

图 5-1 法兰盘部件图

5.1 概 述

5.1.1 焊接的定义

焊接是两种或两种以上同种或异种材料通过原子或分子之间的结合和扩散连接成一体的工艺过程。促使原子和分子之间产生结合和扩散的方法是单独或同时加热或加压。

5.1.2 焊接方法

如图 5-2 所示,按照其工艺特点,基本焊接方法可分为三大类:

(1) 熔焊:加热欲接合工件的连接部位,使其局部熔化形成熔池,待熔池冷却凝固后便成形。必要时可在熔池中加入填充金属或助焊剂,有助于成形饱满美观。适用于各种金属和合金的焊接加工,焊接时不施加压力。

(2) 压焊:焊接过程必须对焊件施加压力(压力指向焊缝方向),焊接过程加热或不加热。适用于各种金属材料的加工。

(3) 钎焊:采用比母材熔点低的金属材料做钎料,利用液态钎料润湿母材,填充接头间隙,并与母材互相扩散(利用毛细管作用)实现焊件连接。适合于各种材料的焊接加工,也适合于不同金属或异类材料的焊接加工。

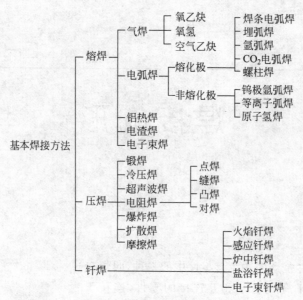

图 5-2　常用焊接方法及分类

5.2　焊条电弧焊

5.2.1　定义

电弧焊又称弧焊,是利用电弧作为焊接热源的熔焊方法。用手工操纵焊条进行焊接的电弧焊方法称为焊条电弧焊(习惯称为手弧焊),如图 5-3 所示。

5.2.2　焊条电弧焊原理

简单地说,电焊原理就是让焊条与工件瞬间接触,使周围空气电离产生电弧,然后利用电弧的高温使工件表面熔化形成熔池,最终使工件相互结合。

焊接电弧的物理本质是在一定条件下,具有一定电压的两电极间(或电极和焊件间)产生的强烈的、持久的气体放电现象。

焊接电弧如图 5-4 所示。电弧靠近正电极的区域称为阳极区;电弧紧靠负电极的区域称为阴极区;电弧阳极区和阴极区之间的部分称为弧柱,弧柱的长度约等于电弧的长度。

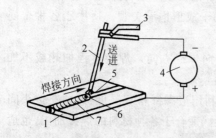

图 5-3　焊条电弧焊焊接过程(直流正接)

1—焊件;2—焊条;3—焊钳;4—焊接电源(电焊机);5—焊接电弧;6—金属熔池;7—焊缝

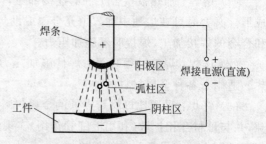

图 5-4　焊接电弧结构(直流反接)

5.2.3　焊机与焊条

1. 弧焊机

弧焊机又称弧焊变压器,是一种特殊的变压器;它把网路电压的交流电变成适宜于弧焊的低压交流电,由主变压器及所需的调节部分和指示装置等组成。弧焊机按照其供给的焊接电源的特性,可分为交流弧焊机和直流弧焊机。

1) 交流弧焊机

交流弧焊机又称弧焊变压器,实质是具有一定电压电流特性的降压变压器。其特点是结构简单、使用方便、维修容易、价格便宜、空载损耗小,但电弧稳定性较差。

2) 直流弧焊机

(1) 整流式直流弧焊机:结构上相当于在弧焊变压器的基础上接上大功率整流器,把交流电变为直流电,供焊接使用。

(2) 逆变式直流弧焊机:简称逆变弧焊机,又称弧焊逆变器(图 5-5),是近年来发展较为迅速的一种弧焊机,且还在不断完善当中。

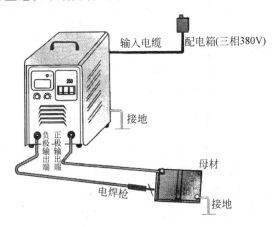

图 5-5　逆变式弧焊机

2. 焊条

电焊时熔化填充在焊接工件的接合处的金属条称作焊条。焊条的材料通常跟工件的材料相同。焊条电弧焊使用的焊条由焊芯(焊条芯)和药皮两部分组成,如图 5-6 所示。

图 5-6　焊条的结构及组成

1) 焊芯

焊条中被药皮包覆的金属芯称为焊芯,是具有一定长度及直径(焊条直径)的钢丝。焊接时,焊芯有两个作用:

(1) 传导焊接电流,产生电弧并把电能转换成热能;

(2) 焊芯本身熔化后作为填充金属与液体母材金属熔合形成焊缝。

2) 药皮

药皮是指涂在焊芯表面的涂料层,其组成物由矿物类、铁合金和金属粉类、有机物类、化工产品类按一定比例调配压制而成,是决定焊缝质量的重要因素,在焊接过程中有以下几方面的作用:

(1) 改善焊条工艺性:使得焊条易于引燃,提高电弧燃烧的稳定性,减少飞溅,利于焊缝成形。

(2) 物理保护作用:焊条燃烧的过程中,药皮在电弧热的高温下燃烧并分解产生大量气体,分解所产生的熔渣漂浮在熔液表面,在焊缝形成过程中起到隔绝空气的作用。

(3) 冶金作用:药皮可将融入熔池的氧化物还原,同时将合金元素加入熔池中,起到合金熔炼作用。

5.2.4 焊接工艺

1. 接头形式

常见的焊接接头形式有对接接头、搭接接头、角接接头和 T 形接头等,如图 5-7 所示。

(a) 对接接头　　　(b) 搭接接头　　　(c) 角接接头　　　(d) T形接头

图 5-7　常见的焊接接头形式

对接接头是指两焊件表面构成 $135°\leqslant\alpha\leqslant180°$ 夹角的接头。具有受力好、强度大和节省金属材料的特点。在一些重要的焊接结构中,尤其是具有严格密封要求的焊接结构中,应尽量采用对接接头,同时要严格做好焊前准备和正确组装。

搭接接头是指两焊件部分重叠构成的接头。一般装配要求不高,工艺简单,但承载能力低,只能用在不重要的结构中,特别适用于被焊结构狭小处及密闭的焊接结构。

角接接头是指两焊件端部构成 $30°\leqslant\alpha\leqslant135°$ 夹角,在板的顶端边缘上焊接的接头。角接接头不仅用于板与板之间的有角度连接,也常用于管与板之间或管与管之间的有角度连接。角接接头通常只起连接作用,只能用来传递工作载荷,不推荐用于疲劳载荷的场合。

T 形接头是指焊件端面与另一焊件构成垂直或近似垂直而形成的焊接接头。T 形接头具有较高的强度,但接头承受震动载荷的能力比较差,焊接操作时比较困难。

2. 坡口形式

焊接中,为保证焊透,获得好的焊缝成形和良好的焊接质量,焊接前应将焊接接头加工成具有一定几何形状的坡口。对接接头常见的坡口形式如图 5-8 所示。

3. 焊接的空间位置

焊件接缝所处的空间位置称为焊接位置,有 4 种常用的焊接位置,如图 5-9 所示。

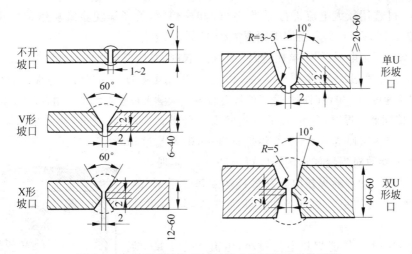

图 5-8　几种对接接头的坡口形式及适用的焊件厚度

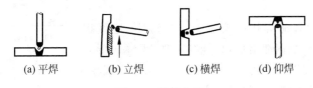

(a) 平焊　　　　(b) 立焊　　　　(c) 横焊　　　　(d) 仰焊

图 5-9　焊接位置

4. 焊接工艺参数及选择

焊接工艺参数是为保证焊接质量而选定的诸多物理量。主要焊接工艺参数有

(1) 焊条直径：主要根据焊件厚度来选择，同时应考虑接头形式、焊接位置、焊接层数等因素。立焊、横焊和仰焊时，应比平焊时细些。多层焊时，打底层应选用较小直径焊条，利于操作与控制熔深，填充层和盖面层选用较大直径焊条，利于增加熔深和提高效率。焊条的直径通常可按照表 5-1 进行选择。

表 5-1　焊条直径的选择（按标准直径系列列出）　　　　　　　　mm

焊件厚度	2	3	4~7	8~12	>12
焊条直径	1.6,2.0	2.5,3.2	3.2,4.0	4.0,5.0	4.0~5.8

(2) 焊接电流：主要是根据焊条直径来选取，焊接常见的低碳钢时，可根据下面经验公式计算确定，或根据表 5-2 选取：

$$I = Kd$$

式中，I 为焊接电流 A；d 为焊条直径，mm；K 为经验系数。

表 5-2　根据焊接直径选择焊接电流的经验系数

焊条直径/mm	1.6	2.0,2.5	3.2	4.0~5.8
K	20~26	25~30	30~40	40~50

平焊时,可选用较大电流进行焊接;立焊和横焊时,为了避免金属从熔池中流出,电流应比平焊减少 10%～15%;而仰焊则要减少 15%～20%。

(3) 电弧电压:电弧越长,电压越高。电弧过长时,易造成电弧飘摆、燃烧不稳定、飞溅大、焊缝熔深不足、熔宽过大,产生焊接缺陷。因此,应采用短电弧($\leqslant d$)焊接,以保证焊缝质量。

(4) 焊接速度:指单位时间内完成的焊缝长度。应参考焊接电流来选用合适的焊接速度。

(5) 焊接层数:焊材厚度≥8mm 时,除需要开坡口、双面焊之外,还需采用多层焊或者多层多道焊,焊接层厚为 0.8～1.2 倍焊条直径,但不超过 5mm。

焊接工艺参数对焊缝成形的影响可由图 5-10 体现:

图 5-10(a)所示焊缝焊接电流和焊接速度都合适,焊缝形状规则,焊波均匀呈椭圆形,边缘过渡平滑,外形尺寸合适。

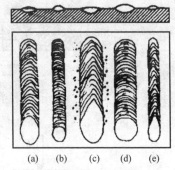

图 5-10(b)所示焊缝焊接电流过小,电流吹力不足,熔液与母材不能充分融合,熔深及熔宽偏小,焊缝突出表面,力学性能较差。

图 5-10(c)所示焊缝焊接电流过大,焊条熔化速度很快,飞溅严重,熔深和熔宽都增加,易烧穿工件,焊缝成形表面几乎与母材平齐甚至低于母材表面,容易造成过烧现象,焊缝往往在冷却过程中就出现裂纹,应尽量避免。

图 5-10　焊接电流和焊接速度
对焊缝成形的影响

图 5-10(d)所示焊缝焊接速度过慢,焊波呈圆形,熔深、熔宽和余高均增加,薄件焊接时极易烧穿。

图 5-10(e)所示焊缝焊接速度过快,焊波变尖,熔深、熔宽和余高均变小,力学性能较差。

5.2.5　焊接基本操作

1. 操作姿势

蹲姿焊接的一般正确姿势是:焊工蹲下之后两膝盖与两腋下靠近,两脚离焊道的距离应使两眼对焊道俯视时基本能够正对平焊的焊道,胳膊的大臂轻轻地贴在上体的肋部或大腿、膝盖位置。随着焊条的熔化和缩短,手臂自然前伸,起到调节的作用。采用正确的焊接姿势,既能使焊缝成形良好,又能使双臂在较长的时间内不致产生疲劳的感觉。焊接操作姿势可参考图 5-11。

(a) 平焊姿势　　　　　　　　　(b) 立焊姿势

图 5-11　焊接操作姿势

2．引弧

引弧的目的是使焊条和焊件间产生稳定的电弧，并以此进行焊接。常用的引弧方法有敲击法和划擦法，如图 5-12 所示。

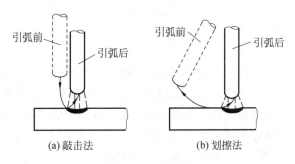

图 5-12　引弧方法

（1）敲击法：将焊条垂直置于焊道起焊点上方一定距离，向下做敲击状，当焊条末端与焊道表面轻触后迅速提起并保持一定的距离（2～4mm），即可引燃电弧。操作动作一定要迅速果断，一气呵成。

（2）划擦法：将焊钳置于起焊点正上方，焊条末端于焊道起焊点左上方，并与焊道保持一定距离，利用手腕向右转动焊钳，在焊条末端与焊道接触后顺势提起并保持一定的距离（2～4mm），即可引燃电弧。

3．焊接角度

焊条在起焊点引弧成功后应做短暂停留，以便加热焊件，增加熔深，随后再沿焊缝向前运条。运条整个过程中应保持合适的焊条角度，如图 5-13 所示。

4．运条方式

焊接中，常采用如图 5-14 所示的几种运条方式。

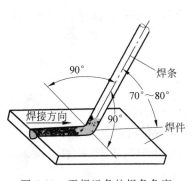

图 5-13　平焊运条的焊条角度

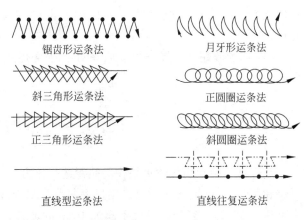

图 5-14　常用运条方式

（1）锯齿形运条法：焊接时，焊条末端连续做锯齿形摆动并向前移动，并在两侧稍作停留。多用于厚钢板的平焊、仰焊、立焊的对接接头和立焊的角接接头。

（2）月牙形运条法：焊接时，焊条的末端沿着焊接方向做月牙形的左右摆动，并在两侧稍作停留。摆动速度根据焊缝的位置、接头形式、焊缝宽度和焊接电流值决定。月牙形运条优点是金属熔化良好，有较长的保温时间，气体容易析出，熔渣也易于浮到焊缝表面，焊缝质量较高，但焊缝成形余高较高。月牙形运条法的应用范围和锯齿形运条法基本相同。

（3）三角形运条法：焊接时，焊条末端做连续的三角形运动并不断前移。可分为斜三角形和正三角形两种。斜三角形运条法适用于 T 形接头的平焊和仰焊焊缝，以及开坡口的横焊焊缝。优点是能够借焊条的摆动来控制熔化金属，促使焊缝成形良好。正三角形运条法通常只适用于开坡口的对接接头和 T 形接头的立焊焊缝，特点是能一次焊出较厚的焊缝断面，焊缝不易产生夹渣等缺陷，有利于提高生产效率。

（4）圆圈形运条法：焊接时，焊条末端连续做正圆圈或斜圆圈形运动并不断前移。正圆适用于厚焊件的平焊缝，其优点是熔池存在时间长，有利于析出熔池中的熔渣及氧、氮等气体。斜圆适用于 T 形接头的平焊、仰焊焊缝和对接接头的横焊缝。

（5）直线形运条法：焊接时，焊条不做横向摆动，沿焊接方向做直线移动。常用于 I 形坡口的对接平焊，多层焊或多层多道焊的第一层焊。

（6）直线往复运条法：焊接时，焊条末端沿焊缝的纵向作凹直线形摆动。它的特点是焊接速度快，焊缝窄，散热快。适用于薄板和接头间隙较大的多层焊的第一层焊。

5. 焊缝收尾

在一道焊缝收尾时不要立即拉断电弧，否则容易形成低于焊件表面的弧坑，过深的弧坑使焊缝收尾处强度减弱，并容易造成应力集中而产生裂纹。正确的收尾方法有以下几种：

（1）划圈收尾法：焊条焊至焊缝终点时，作圆圈运动，直到填满弧坑再拉断电弧。此法适用于厚板收尾。

（2）反复断弧收尾法：焊条焊至焊缝终点时，在弧坑处反复熄弧、引弧数次，直到填满弧坑为止。此法一般适用于薄板和大电流焊接，但碱性焊条不宜使用此法，易产生气孔。

（3）回焊收尾法：焊条焊至收尾处后改变焊条角度往回焊一小段。此法适用于碱性焊条。

5.3 气焊与气割

气焊是一种利用气体火焰作为热源的焊接方法。常用于气焊的可燃气体有乙炔、丙烷、甲烷和丁烷等，助燃气体一般采用压缩氧气。氧-乙炔焊为最常用的气焊形式，氧乙炔焰温度可达 3150℃，一般焊接厚度不超过 4mm 的金属。

5.3.1 气焊

1. 气焊设备

气焊设备及其连接如图 5-15 所示,主要包含有

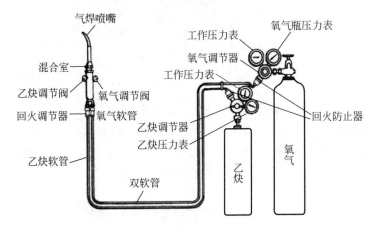

图 5-15 气焊工位及其设备连接图

1) 氧气瓶

表面为天蓝色涂装,并标有黑色"氧气"字样。常用的氧气瓶容量为 40L,液态存储方式,存储压力约 15MPa,可储存 6m³ 氧气。

2) 乙炔气瓶

表面为白色涂装,并标有红色"乙炔"和"火不可近"字样。常用乙炔气瓶容积为 40L,乙炔溶解在浸满丙酮的多孔性填料中(使用时,乙炔从丙酮中分解释放出来),存储压力约 1.5MPa,可存储 6m³ 乙炔。

气焊操作如图 5-16 所示。

气焊时所需的气体工作压力,氧气为 0.2～0.3MPa,乙炔压力不超过 0.15MPa。因此需要减压器来对气瓶输出气体进行减压使用,如图 5-17、图 5-18 所示。

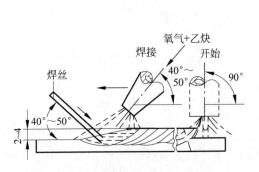

图 5-16 气焊示意图(含焊嘴角度)

图 5-17 氧气减压器

3) 回火保险器

(1) 回火:回火是焊接火焰自焊炬向乙炔导管及乙炔气瓶、发生器等回窜的现象。其

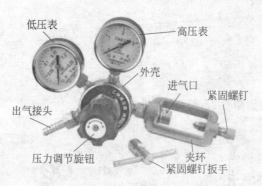

图 5-18　乙炔减压器

特征:一是火焰突然熄灭;二是焊炬内发出急速的"嘶嘶"声。

回火的根本原因是混合气体的流动速度低于燃烧速度,具体原因有如下几种:

① 由于熔融金属的飞溅物、碳质微粒及乙炔中杂质等堵塞焊嘴或气体通道。

② 焊嘴过热,混合气体受热膨胀,压力增高,流动阻力增大;焊嘴温度超过 400℃时,部分混合气体在焊嘴内自燃。

③ 焊嘴过分接近熔融金属,焊嘴喷孔附近的压力增大,混合气体流动不通畅。

④ 胶管受压、阻塞或打折等,致使气体压力降低。

如果操作中发生回火,应急速关闭氧气调节旋钮再关闭乙炔调节旋钮。待回火熄灭后,将焊嘴放入水中冷却,然后打开氧气吹除焊炬内的烟灰,再重新点火。

(2)回火保险器:常见的一般是中压水封式回火保险器和干式回火保险器,如图 5-19 所示。

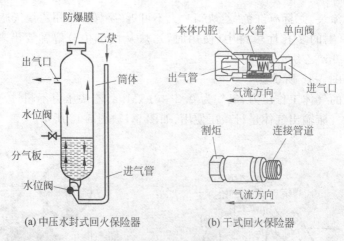

(a)中压水封式回火保险器　　(b)干式回火保险器

图 5-19　回火保险器

4)焊炬

气焊时用于控制火焰进行焊接的工具,其作用是将乙炔和氧气均匀混合(混合比例可调节),由喷嘴喷出后点火燃烧,并进行焊接。焊炬有射吸式和等压式两种,最常用的是射吸式,如图 5-20 所示。

5)输气管

按照现行行业标准,氧气管为蓝色或者黑色,内径 8mm,工作压力 1.5MPa;乙炔管为

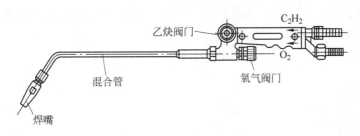

图 5-20 射吸式焊炬

红色,内径 10mm,工作压力 0.5MPa 或 1MPa。专管专用,不允许互相代用,禁止沾染油污和漏气,注意不要让气管碰到焊接的工件,防止割伤或者烫伤气管。

2.焊丝和助焊剂

(1)焊丝:选用化学成分与母材相匹配的焊丝进行焊接。常用的焊丝有 H08 和 H08A,直径为 2～4mm,依据焊件厚度选择,应选择与焊件厚度尺寸接近的焊丝。使用前应当擦拭干净焊丝上的油污、灰尘、铁锈等杂质。

(2)助焊剂:又称气焊溶剂或焊粉,其作用是去除焊接过程中形成的氧化物,增加液态金属的润湿性,保护熔池金属。常用的助焊剂有 CJ101——不锈钢和耐热钢助焊剂、CJ201——铸铁助焊剂、CJ301——铜及铜合金助焊剂和 CJ401——铝和铝合金助焊剂。

3.气焊火焰

气焊火焰如图 5-21 所示。

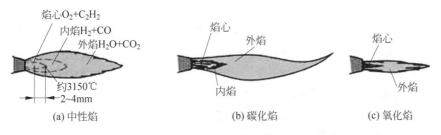

焰心$O_2+C_2H_2$
内焰H_2+CO
外焰H_2O+CO_2
约3150℃
2～4mm
(a) 中性焰

焰心
外焰
内焰
(b) 碳化焰

焰心
外焰
(c) 氧化焰

图 5-21 氧乙炔火焰

(1)中性焰:体积比 $O_2:C_2H_2=1.1～1.2$ 时为中性焰,同样由焰心、内焰和外焰三部分组成。焰心呈尖锥状,白色明亮,轮廓清楚;内焰颜色为不清晰蓝紫色,轮廓不清晰,与外焰无明显界线;外焰由里到外逐步由淡紫色变为橙黄色。氧与乙炔充分燃烧,没有氧与乙炔过剩,内焰具有一定还原性。最高温度 3 050～3 150℃。主要用于焊接低碳钢、低合金钢、高铬钢、不锈钢、紫铜、锡青铜、铝及其合金等。

(2)碳化焰:体积比 $O_2:C_2H_2<1.1$ 时为碳化焰,碳化焰比较长,分焰心、内焰和外焰三部分。焰心温度最高,可达 2 700～3 000℃,呈亮白色,内焰呈淡白色,外焰呈橙黄色。当乙炔过量时火焰会冒黑烟,整体亮度提升。火焰中有游离状态碳及过多的氢,焊接时会增加焊缝含氢量,焊低碳钢有渗碳现象。主要用于高碳钢、高速钢、硬质合金、铝、青铜及铸铁等的焊接或焊补。

(3) 氧化焰：O_2：$C_2H_2 > 1.2$ 时为氧化焰,火焰比较短,由焰心和外焰组成。火焰中有过量的氧,会对熔池中金属造成烧蚀作用,一般焊接中不使用,用于黄铜、锰钢、锰黄铜和镀锌铁皮时用轻微氧化焰焊接。其温度可达 $3\,100 \sim 3\,300\,℃$。

4. 焊接操作

1) 焊前准备

(1) 辅助工具

① 焊接工作服、焊接工作鞋、防烫手套等。

② 护目镜,主要是保护焊工的眼睛不受火焰亮光的刺激,以便在焊接过程中能仔细观察熔池金属,并防止飞溅金属微粒溅入眼睛内。

③ 点火枪,主要用于点火。

④ 清理焊缝的工具,如钢丝刷、手锤、锉刀。

⑤ 连接和起动气体通道的工具,如钢丝钳、铁丝、扳手等。

⑥ 清理焊嘴和割嘴用的通针。每个气割工都应备有粗细不等的三棱式钢质通针一盒,以便清除堵塞焊嘴或割嘴上的脏物。

(2) 气瓶调节：打开气瓶开关,调节输出减压表压力至合适压力待用。

(3) 焊件组对：方法与电弧焊方法类似,同样可以用机夹式固定,但焊接平板应悬空布置,以免焊接时热量散失过快,影响焊接效果。

2) 焊接操作

(1) 点火、调节火焰：右手持焊炬,微升氧气(右手操作 1/4 圈)→微开乙炔(左手 1/3 圈)→左手持点火枪点火→逐步调整氧气、乙炔的量,直至调整至需要的火焰(比例、大小合适)。

(2) 定位焊：右手持焊炬,左手持焊丝,在板件两端及中间某几个位置做点固焊。做点固焊时,轮流在对焊的左右焊件分别添加金属液,不断靠近,最终连接在一起。定位焊后要进行焊缝清理。

(3) 堆平焊波：一般采用由右向左的方式焊接,操作如图 5-22 所示。焊接时,焊嘴前端靠近焊缝约 5mm 的高度,使用温度最高的内焰加热焊件,使得焊件加热形成熔池,为保证焊缝宽度,焊嘴可在与焊接方向垂直的方向适当左右摆动,焊炬向前移动的速度应能保证焊件熔化并保持熔池具有一定大小。焊件局部熔化形成熔池后,再将焊丝适量地点入熔池内熔化。

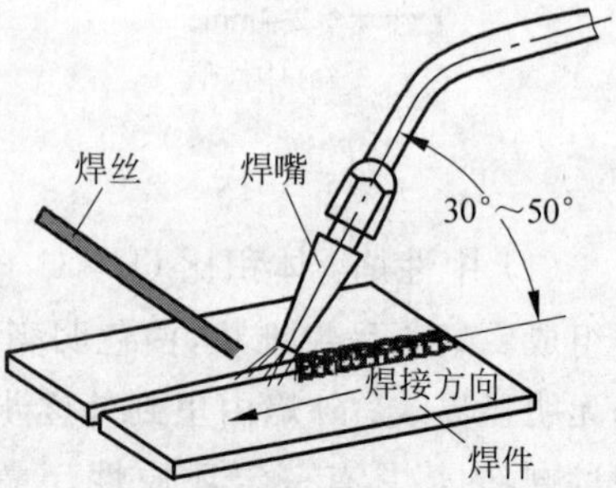

焊丝　焊嘴　$30° \sim 50°$

焊接方向　焊件

图 5-22　气焊操作

(4) 焊后流程：焊炬关火顺序为：关乙炔→关氧气。将焊炬放回规定的位置,关闭气瓶阀门,整理线管,清理场所。

3) 焊接质量检查

清理焊缝及周边,外观检查是否有裂纹、气孔、夹渣等焊接缺陷,不合格部分应打磨掉之后再补焊,直至合格为止。

5.3.2　氧气切割

1. 氧气切割原理

利用某些金属在纯氧中燃烧的原理来实现切割,切割过程如图 5-23 所示。氧乙炔火焰加热工件边沿使温度达到金属燃点→开切割氧(高压氧)→金属被点燃→生成氧化物,并且放出大量的热,氧化物熔化,同时更多新的金属达到燃点→氧化物被氧气流吹走,新的金属继续燃烧→生成新的氧化物,产生新的热量,使切割得以进行。

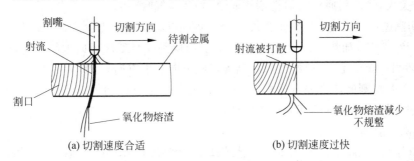

(a) 切割速度合适　　　　　　　　　　(b) 切割速度过快

图 5-23　气割过程和气割速度

2. 金属气割条件

(1) 金属的燃点低于其熔点。以保证金属能在固态的状态下燃烧,保证割口平整。

(2) 金属燃烧生成的氧化物(熔渣)的熔点低于金属本身的熔点,且流动性良好。以保证生成的氧化物不会阻碍切割的进行。

(3) 金属燃烧时能放出大量的热,而且金属本身的导热性要尽量的低。热量支持切割的继续,少散热对切割更有利。

3. 设备

除割炬以外,基础设备与气焊几乎一样。割炬如图 5-24 所示。

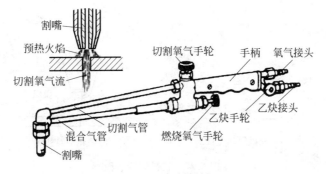

图 5-24　气割割炬

4. 气割操作规程(气割方圆)

1) 准备工作

与气焊操作基本一致。在工件需要气割的位置用滑石笔画好线,做好标记。

2) 气割操作

(1) 点火、调节火焰:右手持割炬,微开燃烧氧(右手操作 1/4 圈)→微开乙炔(左手 1/3 圈)→左手持点火枪点火→逐步调整氧气、乙炔的量,直至调整至需要的火焰(比例、大小合适)。试开高压氧,观察火焰能否看见火焰中间有一根明显锋线,无开叉等问题。如果发现开叉,要先关火,然后用通针疏通切割氧通道,并开氧气吹净。

(2) 切割过程:点火并调节火焰之后,将割炬喷嘴移至起割点上方约 1cm 处,让火焰 2/3 对准工件,1/3 对空,加热至工件表面红热,然后压低割嘴至工件表面大约 5mm 的高度开切割氧进行切割。如果是走直线,可以将割嘴略倾斜向前进方向,习惯从右边起割。把握切割氧的大小,以及切割的速度要合适均匀,过快或过慢都会造成切割口不平整,速度过慢甚至因为温度过高导致已切割的部分从新熔合在一起。

3) 气割后清理

关火顺序为:关高压氧→关乙炔→关燃烧氧。待切割件冷却后再对背部的熔渣进行剔除。

5.4　其他常见焊接方式

5.4.1　氩弧焊

氩弧焊,是使用氩气作为保护气体的一种焊接技术。又称氩气体保护焊。就是在电弧焊的周围通上氩气保护气体,将空气隔离在焊区之外,防止焊区的氧化。

氩弧焊技术是在普通电弧焊原理的基础上,利用氩气对金属焊材的保护,通过高电流使焊材在被焊基材上融化成液态形成熔池,使被焊金属和焊材达到冶金结合的一种焊接技术。由于在高温熔融焊接中不断送上氩气,使焊材不能和空气中的氧气接触,从而防止了焊材的氧化,因此可以焊接不锈钢、铁类金属。氩弧焊按照电极的不同分为熔化极氩弧焊和非熔化极氩弧焊两种,如图 5-25 所示。

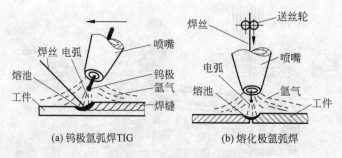

(a) 钨极氩弧焊TIG　　　　(b) 熔化极氩弧焊

图 5-25　氩弧焊示意图

氩弧焊的特点为:电流密度大,热量集中,熔敷率高,焊接速度快。另外,容易引弧。因弧光强烈,烟气大,所以要加强防护。

5.4.2 二氧化碳气体保护焊

二氧化碳气体保护电弧焊(简称二保焊)是以二氧化碳作为保护气体进行焊接的方法(有时采用 $CO_2 + Ar$ 的混合气体),如图 5-26 所示。在应用方面操作简单,适合自动焊和全方位焊接。焊接时抗风能力差,适合室内作业。由于二氧化碳气体易生产,成本低,广泛应用于各大小企业。由于二氧化碳气体的零热物理性能的特殊影响,使用常规焊接电源时,焊丝端头熔化金属不可能形成平衡的轴向自由过渡,通常需要采用短路和熔滴缩颈爆断。因此,与熔化极惰性气体保护焊(metal inert-gas welding,MIG)自由过渡相比,飞溅较多。但如采用优质焊机,参数选择合适,可以得到很稳定的焊接过程,使飞溅降低到最小的程度。由于所用保护气体价格低廉,采用短路过渡时焊缝成形良好,加上使用含脱氧剂的焊丝即可获得无内部缺陷的高质量焊接接头。因此,这种焊接方法目前已成为黑色金属材料最重要焊接方法之一。

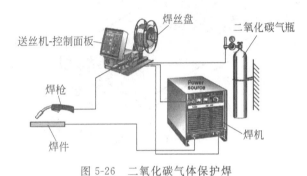

图 5-26 二氧化碳气体保护焊

5.4.3 埋弧自动焊

埋弧自动焊简称埋弧焊,是电弧在焊剂层下燃烧,用机械自动引燃电弧并进行控制,自动完成焊丝的送进和电弧移动的一种电弧焊方法,如图 5-27 所示。

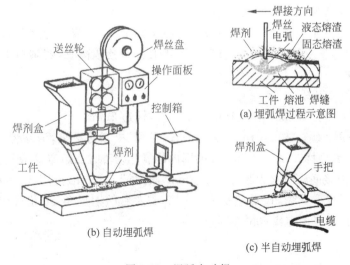

图 5-27 埋弧自动焊

埋弧焊具有生产率高、机械化程度高、焊接质量好且稳定的优点。在金属结构、桥梁、压力容器、石油化工、核容器、石油天然气管道、船舶制造等领域,埋弧自动焊获得了广泛的应用。埋弧焊的应用非常广,所消耗的钢材、焊丝、焊剂的量也很大。

除了上面介绍的几种焊接方式以外,还有电阻焊、电渣焊、堆焊、爆炸焊、激光焊、软钎焊、硬钎焊、摩擦焊等,可以作为课外了解内容。

5.5　实训项目

对接平焊是生产实际中应用最广泛的焊接形式。在流程上,其他焊接形式与对接平焊基本类似,故以对接平焊作为学习范例。如图 5-28 所示为平板对焊练习试板示意图。

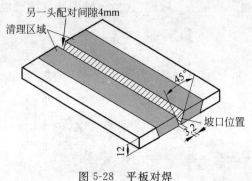

图 5-28　平板对焊

1. 焊前设备

1)焊接工具和设备

焊接工具和设备包括北京时代 TDW4000 逆变式全数字直流焊机(直流反接)、焊条保温桶、多动角磨机、敲渣锤、钢丝刷等。

2)焊接材料

(1)母材:厚度为 12mm 的 Q235 板材。

(2)焊条:J507 低氢钠型药皮碳钢碱性焊条,适用于碳钢或低合金钢结构件的焊接,可进行全位置使用。焊条经 350℃烘干 1h 以上,当使用量比较高时,随烘随用,烘干的焊条转移到焊条保温桶中。

3)坡口制备及组对

(1)焊接坡口:开 V 形 45°坡口(单边 22.5°),钝边 2mm。

(2)坡口清理:检查坡口表面,不得有裂纹、分层、夹杂等缺陷,清除焊接接头的内外坡口表面及坡口两侧母材表面至少 20mm 范围内的氧化物、油污、熔渣等杂质。

(3)组对:对接间隙要求为起焊端 3.2mm,收尾端 4.0mm(可用 3.2mm 和 4.0mm 焊条检测)。进行反变形处理,让对接平板有一个 3°左右的上反角,可垫高焊件对接位置实现,焊件组对使用卡具固定或定位焊固定。

2．焊接操作

1）定位焊

焊件两端位置大约 30mm 处做定位焊，如图 5-29 所示。定位焊之后要检查间隙及上反角是否合适，间隙如不合适应使用砂轮机打磨后重新定位焊，直至合格为止。上反角可以趁定位焊尚未凝固时快速矫正。定位焊通常与组对同时操作。定位焊之后用敲渣锤和钢丝刷清理焊渣和飞溅，处理干净后进入下一步施焊。

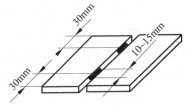

图 5-29　定位焊

2）焊接过程

（1）打底焊：在此阶段对坡口要求较高。选用 3.2mm 焊条，电流在 75A 左右。焊接引弧的位置应选在焊缝起点前约 10mm 处，引弧后应保持 2～4mm 弧长迅速拉到起焊点进行焊接。注意收尾饱满，焊后清理焊渣和飞溅。

（2）填充焊：为保证焊接效率，采用 4.0mm 焊条，电流 120A 左右。采用锯齿形或月牙形运条法，两侧稍停顿。每一道焊缝后均要清理焊渣和飞溅，检查焊接质量。不合格段应重新打磨后补焊合格。填充焊应填充至离焊件表面还有 1～2mm 时结束，可打磨平整后再进行盖面层焊接。

（3）盖面焊：采用 4.0mm 焊条，电流约 115A。采用锯齿形或月牙形运条法进行盖面层焊接，焊条摆动中间快些，两侧稍停顿，以保证盖面焊缝余高、熔宽均匀，无咬边、夹渣等缺陷。

5.6　安全操作规程

5.6.1　焊条电弧焊安全操作规程

（1）防止触电：确保焊机外壳接地良好，焊钳和接地电缆绝缘良好，焊接场地不潮湿、无积水；操作前穿戴好绝缘鞋、绝缘手套；避免同时接触焊机输出端的两极；发生触电时应立刻切断电源后再救人；不可以用水或者泡沫灭火器灭火。

（2）防止弧光烧伤：穿戴好工作服、焊接手套、帽子、焊工鞋等，检查焊接面罩无破损，重点保护眼睛和面部，焊接时不可直视电弧。操作时应注意互相之间弧光遮挡，可采取隔板的方式遮挡。

（3）防止烫伤和烟尘伤害：不可以徒手拿焊件。焊接和清渣时要注意遮挡，提防伤人。

（4）防火、防爆：焊接工作场所及周围不可以有易燃易爆物品，同时要配备足够的干粉灭火器或干冰灭火器（不可用泡沫灭火器），工作期间及工作完毕后应检查有无火种，随时扑灭。

（5）设备安全：保证设备线路连接接触良好，没有松动现象；焊钳不能放在工作台上，应挂在专用位置；焊机异常时应立刻切断电源，检查修理之后才可以重开；操作完毕后应切断电源。

5.6.2　气焊气割安全操作规程

（1）检查橡胶软管接头、氧气表、减压阀等应坚固牢靠，无泄漏，严禁油脂、泥垢沾染气焊工具、氧气瓶。

（2）严禁将氧气瓶乙炔发生器靠近热源和电闸箱，并不得放在高压线及一切电线下面；切勿在强阳光下暴晒，应该在操作工点的上方处，以免引起爆炸。四周应设围栏、悬挂"严禁烟火"标志，氧气瓶、乙炔发生器与焊、割炬的间距应在10m以上，特殊情况应采取隔离防护措施，其间距不应小于5m，同一地点有两个或以上乙炔发生器，其间距不得小于10m。

（3）氧气瓶应集中存放，不准吸烟和明火作业，禁止使用无减压阀的氧气瓶。

（4）氧气瓶应直立放置，设支架稳固，防止倾倒；横放时，瓶嘴应垫高。

（5）焊、割炬装接胶管应有区别，不准交换使用，氧气瓶用蓝色光面软管，乙炔用红色光面软管。使用新软管时，应先排除管内杂质灰尘，保证管内畅通。

（6）不得将橡胶管放在高温管道和电线上，或将重物或热的物件压在软管上，更不得将软管与电焊用的导线敷设在一起。

（7）安装减压器时，应先检查氧气瓶阀门接头不得有油腻，并略开氧气瓶阀门吹除污垢，然后安装减压器，人身或面部不得正对氧气瓶阀门出气口，关闭氧气瓶阀门时，须先松开减压器的活门螺丝（不可紧闭）。

（8）焊、割嘴堵塞，可用通针将嘴通一下，禁止用铁丝通嘴。

（9）开启氧气瓶阀门时，禁用铁器敲击，应用专门工具，动作要缓慢，不得面对减压器。

（10）点火前，急速开启焊、割炬阀门，用氧气吹风，检查喷嘴出口，若无风则不准使用，试风时切忌对准脸部。

（11）点火前，可先将氧气调节阀稍为打开后，再打开乙炔调节阀，用点火枪点火后，即可调节火焰的大小和形状。点燃后的焊炬不能离开手，应先关乙炔阀，再关氧气阀，使火焰熄灭后才准放下焊炬，不准放在地上。严禁用烟头点火。

（12）进入容器内焊接时，点火和熄火均应在容器外进行。

（13）如焊、割储存过油类的容器时，应将容器上的孔盖完全打开，先用碱水清洗容器内壁，后再用压缩空气吹干，充分作好安全防护工作。

（14）氧气瓶压力指针应灵敏正常，瓶内氧气不许用尽，必须预留余压，至少要留$0.1\sim0.2$MPa的氧气，拧紧阀门，瓶阀门严禁沾染油脂，瓶壳处应注上"空瓶"标记。

（15）焊、割作业时，不准将橡胶软管背在背上操作，禁止用焊、割炬的火焰作照明。氧气、乙炔软管需横跨道路和轨道时，应在轨道下面穿过或吊挂出去。以免被车轮碾压损坏。

（16）发生回火时，应迅速关闭焊、割炬上的调节阀，再关闭调节阀，可使回火很快熄灭。如紧急时（仍不熄火），可拔掉乙炔软管，再关闭一级氧气阀和乙炔阀门，并采取灭火措施。稍等后再打开氧气调节阀，吹出焊、割炬内的残留余焰和碳质微粒，才能再作焊、割作业。

（17）如发现焊炬出现爆破声或手感有震动现象，应急速关闭乙炔阀和氧气阀，冷却后再继续作业。

（18）拧紧氧气瓶嘴安全帽，将氧气瓶和乙炔瓶置放在规定地点，离开作业场地前，应进行卸压。

复习思考题

1. 填空题

(1) 焊接按照其工艺特点,可以分为_____、_____、_____三大类。

(2) 写出三种常用的运条方式_____、_____、_____。

(3) 看图 5-30,分别写出其接头形式和坡口形式:(a)_____、(b)_____、(c)_____、(d)_____、(e)_____。

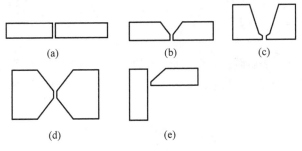

图 5-30　接头形式和坡口形式

(4) 氧气管是_____色的;乙炔管是_____色的。

(5) 图 5-31 中,字母代表了火焰种类,数字代表火焰结构,请填写出它们的名称:(a)_____、(b)_____、(c)_____、1_____、2_____、3_____、4_____。

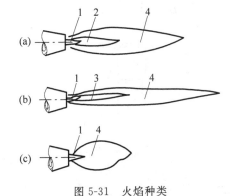

图 5-31　火焰种类

2. 问答题

(1) 如果让你设计图 5-1 的法兰盘,你会采取什么样的焊接策略?说说你的设计方案。

(2) 现在常用的切割方法,除了氧乙炔气割以外,还有哪些?分别有哪些特点?

第 6 章

车 削 加 工

问题导入

从图 6-1 可知,法兰盘端面有一台阶面,该如何加工呢?法兰圆盘及中间的孔又该如何加工?如何确保法兰盘加工的精度要求?本章主要介绍法兰盘和其他零件的回转表面加工中所需的车削加工知识。

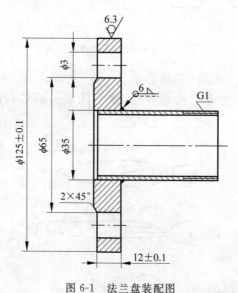

图 6-1　法兰盘装配图

6.1　基 础 知 识

6.1.1　车削加工概述

1. 车削加工的地位和作用

机床是制造机器的工作母机。在机械零件的加工机床中,车床是各种工作母机中应用最广泛的一种,它利用主轴的旋转运动和刀具的进给运动实现对零件的车削加工,用以改变毛坯的尺寸和形状等。车工在切削加工中是最常用的一种加工方法,在机械加工中具有重要的地位和作用。

2．车床的加工范围

在机械制造业中，车床应用相当广泛。车工在车床上能完成的机械加工任务很多，在车床上所使用的刀具主要是车刀、钻头、铰刀、丝锥和滚花刀等。就其基本的工作内容而言，可以完成如图 6-2 所示的零件的加工。

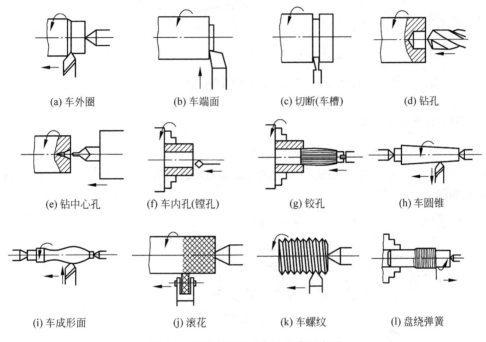

(a) 车外圈	(b) 车端面	(c) 切断(车槽)	(d) 钻孔
(e) 钻中心孔	(f) 车内孔(镗孔)	(g) 铰孔	(h) 车圆锥
(i) 车成形面	(j) 滚花	(k) 车螺纹	(l) 盘绕弹簧

图 6-2　普通车床所能加工的典型表面

6.1.2　切削加工的基本概念

1．切削加工的基本运动

在切削加工中，为了切除多余的材料，必须使工件和刀具作相对的切削运动。按照在切削过程中的作用，切削运动可分为主运动和进给运动。

（1）主运动：主运动是切下材料所必需的最主要运动。其特点是(在几种切削运动中)切削速度最高，消耗功率最大，如车削时工件的旋转运动。

（2）进给运动：进给运动是使新的材料不断投入切削的运动。如车削外圆时车刀平行于工件轴线的纵向运动。在车削中可以有一个或几个进给运动，也可以没有进给运动。

（3）合成切削运动：由主运动和进给运动合成的运动，称为合成切削运动。刀具切削刃上选定点相对工件的瞬时合成运动方向称为该点的合成切削运动方向，其速度称为合成切削速度，如图 6-3 所示。

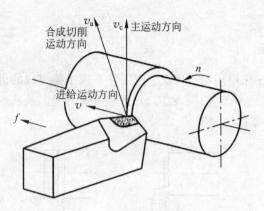

图 6-3 合成切削运动

2．切削时产生的表面

在切削的过程中，在主运动和进给运动的作用下，工件表面上的材料不断地被刀具切除而变为切屑，同时工件上形成新的表面。在新表面的形成过程中，工件上有三个连续变化着的表面，如图 6-4 所示。

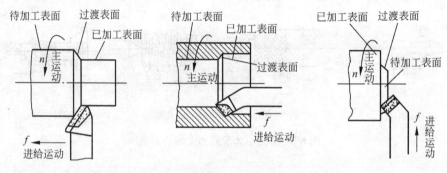

图 6-4 切削运动及切削产生的表面

（1）待加工表面：加工时即将被切除的工件表面。

（2）已加工表面：工件上经刀具切削后形成的表面。

（3）过渡表面：刀具正在加工的表面，它是已加工表面与待加工表面的连接面。

3．切削用量

切削用量是指切削速度 v_c、进给量 f（或进给速度 v_f）、背吃刀量 a_p 三者的总称，也称为切削用量三要素。它是表示主运动和进给运动的最基本物理量，是调整刀具与工件间相对运动速度和相对位置所需的工艺参数，是切削加工前调整机床加工参数的依据，对加工质量、生产率及加工成本都有很大影响。

（1）切削速度：刀具切削刃上选定点相对工件主运动的瞬时线速度称为切削速度，用 v_c 表示，单位为 m/s 或 m/min。在实际生产中，往往需要根据工件的直径来确定主轴的转速。

（2）进给量：工件或刀具每转一周，刀具在进给方向上相对工件的位移量，称为每转进给量,简称进给量,用 f 表示,单位为 mm/r。

(3) 进给速度:单位时间内刀具在进给运动方向上相对工件的位移量,用 v_f 表示。

(4) 背吃刀量(切削深度):工件已加工表面和待加工表面之间的垂直距离称为背吃刀量,用 a_p 表示,单位为 mm。

4. 切削用量的选取

1) 切削用量的选用原则

粗车时,应尽量保证较高的材料切除率和必要的刀具耐用度。选择切削用量时,应首先选取尽可能大的背吃刀量 a_p,其次根据机床动力和刚性的限制条件,选取尽可能大的进给量 f,最后根据刀具耐用度要求,确定合适的切削速度 v_c。增大背吃刀量 a_p 可使走刀次数减少,增大进给量 f 有利于断屑。

精车时,对加工精度和表面粗糙度要求较高,加工余量不大且较均匀。选择精车的切削用量时,应着重考虑如何保证加工质量,并在此基础上尽量提高生产率。因此,精车时应选用较小(但不能太小)的背吃刀量和进给量,并选用性能高的刀具材料和合理的几何参数,以尽可能提高切削速度。

2) 切削用量的选取方法

(1) 背吃刀量的选择:粗加工时,除留下精加工余量外,一次走刀尽可能切除全部余量。也可分多次走刀。精加工的加工余量一般较小,可一次切除。在 CDE6150A 机床上,粗加工的背吃刀量可达 8～10mm;半精加工的背吃刀量取 0.5～5mm;精加工的背吃刀量取 0.2～1.5mm。

(2) 进给速度(进给量)的确定:粗加工时,由于对工件的表面质量没有太高的要求,这时主要根据机床进给机构的强度和刚性、刀杆的强度和刚性、刀具材料、刀杆和工件尺寸以及已选定的背吃刀量等因素来选取进给速度。精加工时,则按表面粗糙度要求、刀具及工件材料等因素来选取进给速度。

进给速度 v_f 可以按公式 $v_f = f_n$ 计算,式中 f 表示每转进给量,粗车时一般取 0.3～0.8mm/r;精车时常取 0.1～0.3mm/r;切断时常取 0.05～0.2mm/r。

(3) 切削速度的确定:切削速度 v_c 可根据已经选定的背吃刀量、进给量及刀具耐用度进行选取。实际加工过程中,也可根据生产实践经验和查表的方法来选取。

粗加工或工件材料的加工性能较差时,宜选用较低的切削速度。精加工或刀具材料、工件材料的切削性能较好时,宜选用较高的切削速度。

6.1.3　车床

1. 车床的组成结构及其作用

车床的种类较多,如卧式车床、转塔式六角车床、回轮式六角车床、单柱立式车床、铲齿车床、数控车床、专用车床等。本书以卧式车床为例重点讲解。

普通卧式车床有各种型号,其结构大致相似。以 CDE6150A 型普通车床为例,如图 6-5所示。

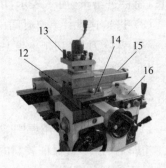

图 6-5　CDE6150A 普通车床

1—床头箱；2—进给箱；3—变速箱；4—前床脚；5—溜板箱；6—刀架；7—尾架；8—丝杠；9—光杠；

10—床身；11—后床脚；12—中刀架；13—方刀架；14—转盘；15—小刀架；16—大刀架

（1）床头箱：又称主轴箱，内装主轴和变速机构。变速是通过改变设在床头箱外面的手柄位置，可使主轴获得 12 种不同的转速（45～1 980r/min）。主轴是空心结构，能通过长棒料，棒料能通过主轴孔的最大直径是 29mm。主轴的右端有外螺纹，用以连接卡盘、拨盘等附件。主轴右端的内表面是莫氏 5 号的锥孔，可插入锥套和顶尖，当采用顶尖并与尾架中的顶尖同时使用安装轴类工件时，其两顶尖之间的最大距离为 750mm。床头箱的另一重要作用是将运动传给进给箱，并可改变进给方向。

（2）进给箱：又称走刀箱，它是进给运动的变速机构。它固定在床头箱下部的床身前侧面。变换进给箱外面的手柄位置，可将床头箱内主轴传递下来的运动，转为进给箱输出的光杠或丝杠获得不同的转速，以改变进给量的大小或车削不同螺距的螺纹。其纵向进给量为 0.06～0.83mm/r，横向进给量为 0.04～0.78mm/r，可车削 17 种公制螺纹（螺距为 0.5～9mm）和 32 种英制螺纹（每英寸 2～38 牙）。

（3）变速箱：安装在车床前床脚的内腔中，并由电动机通过联轴器直接驱动变速箱中齿轮传动轴。

（4）溜板箱：又称拖板，溜板箱是进给运动的操纵机构。它使光杠或丝杠的旋转运动，通过齿轮和齿条或丝杠和开合螺母，推动车刀作进给运动。溜板箱上有三层滑板，当接通光杠时，可使床鞍带动中滑板、小滑板及刀架沿床身导轨作纵向移动。中滑板可带动小滑板及刀架沿床鞍上的导轨作横向移动。刀架可作纵向或横向直线进给运动。当接通丝杠并闭合开合螺母时可车削螺纹。溜板箱内设有互锁机构，使光杠、丝杠两者不能同时使用。

（5）刀架：它是用来装夹车刀，并可作纵向、横向及斜向运动。刀架是多层结构，它由下列几部分组成：

大滑板：与溜板箱牢固相连，可沿床身导轨作纵向移动。

中滑板：装置在大刀架顶面的横向导轨上，可作横向移动。

转盘：固定在中刀架上，松开紧固螺母后，可转动转盘，使它和床身导轨成一个所需要的角度，而后再拧紧螺母，以加工圆锥面等。

小滑板：装在转盘上面的燕尾槽内，可作短距离的进给移动。

方刀架：固定在小刀架上，可同时装夹四把车刀。松开锁紧手柄，即可转动方刀架，把所需要的车刀更换到工作位置上。

（6）尾架（尾座）：用于安装后顶尖，以支持较长工件进行加工，或安装钻头、铰刀等刀具进行孔加工。采用偏移尾架的方法可以车出长工件的锥体。

（7）光杠与丝杠：将进给箱的运动传至溜板箱。光杠一般用于车削外圆，丝杠用于车螺纹。

（8）床身：是车床的基础件，用来连接各主要部件并保证各部件在运动时有正确的相对位置。在床身上有供溜板箱和尾架移动用的导轨。

（9）前床脚和后床脚：是用来支承和连接车床各零部件的基础构件，床脚用地脚螺栓（或垫铁）紧固（或平垫）在地基上。车床的变速箱与电机安装在前床脚内腔中，车床的电气控制系统安装在后床脚内腔中。

2．车床的传动关系

车床各部分传动关系如图6-6所示。

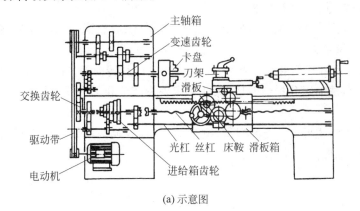

(a) 示意图

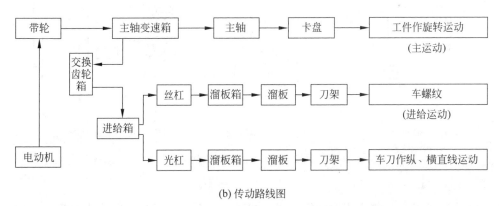

(b) 传动路线图

图 6-6　车床传动路线

3．车床型号编制

为了简明的表示出机床的名称、主要规格、性能和结构特征，以便对机床有一个清晰的概念，需要对每种机床赋予一定的型号。我国目前实行的机床型号，按 GB/T 15375—94《金属切削机床型号编制方法》的规定实施。CDE6150A 车床型号及含义如下：

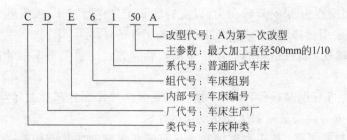

4. 车床的润滑和维护保养

为保证车床的加工精度,延长车床的使用寿命和提高劳动生产率,必须加强对车床的维护和保养。车床日常维护的内容主要是清洗和润滑。每天下班后应清洗机床上的切屑、切削液及杂物,清理干净后加注润滑油。

1)车床的日常维护、保养要求

(1)每天工作后,切断电源,对车床各表面、各罩壳、导轨面、丝杠、光杠、各操纵手柄和操纵杆进行擦拭,做到无油污、铁屑、车床外表清洁。

(2)每周要求保养床身导轨面和中、小滑板导轨面及转动部位的清洁、润滑。要求油眼畅通、油标清晰,清洗油绳和护油毛毡,保持车床外表清洁和工作场地整洁。

2)润滑方法

车床的润滑方法主要有:浇油润滑、溅油润滑、油泵循环润滑及油绳润滑、压注油杯润滑和润滑脂润滑,如图 6-7 所示。

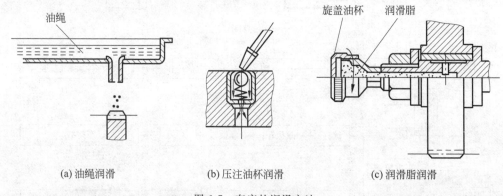

(a) 油绳润滑   (b) 压注油杯润滑   (c) 润滑脂润滑

图 6-7　车床的润滑方法

3)操作过程

(1)主轴箱及进给箱采用箱外循环强制润滑。油箱和溜板箱的润滑油在两班制的车间50～60 天更换一次。换油时,应先将废油放尽,然后用煤油把箱内冲洗干净后,再注入新机油。注油时应用网过滤,且油面不得低于油标中心线。

(2)主轴箱内的零件用油泵循环润滑或飞溅润滑。箱内润滑油一般 3 个月换一次。主轴箱体上有一个油标,若发现油标内无油输出,说明油泵输油系统有故障,应立即停机检查断油的原因,待修复后才能开动车床。

(3)进给箱内的齿轮和轴承的润滑方式除了用齿轮飞溅润滑外,还用进给箱上部的储油槽通过油绳导油润滑的方式。每班应给该储油槽加一次油。

（4）刀架和横向丝杠用油枪加油。

（5）交换齿轮轴头有一个塞子需要每班拧动一次，使轴内的 2 号钙基润滑脂供应轴与套之间的润滑。7 天加一次钙基脂。

（6）尾座套筒和丝杠、螺母的润滑每班可用油枪加油一次。

（7）丝杠、光杠及变向杠的轴颈润滑是通过后托架储油池内的羊毛线引油进行，润滑每班注油一次。

（8）床身导轨、滑板导轨在每班工作前后都要擦净并用油枪加油。

6.1.4　车刀

1. 常用车刀的种类及用途

车刀是用于车削加工的、具有一个切削部分的刀具。车刀是切削加工中应用最广的刀具之一。车刀的工作部分就是产生和处理切屑的部分，包括刀刃、使切屑断碎或卷拢的结构、排屑或容储切屑的空间、切削液的通道等结构要素。

不同种类的车刀适合不同的车削内容，常用车刀的名称及用途如下：

1）按用途不同划分（图 6-8）

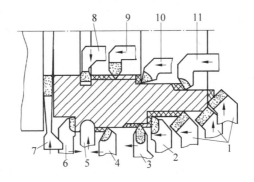

图 6-8　不同用途的车刀

1—45°弯头车刀；2—90°外圆车刀（右偏刀）；3—外螺纹车刀；4—75°外圆车刀；5—成形车刀；6—90°外圆车刀（左偏刀）；7—车槽刀；8—内沟槽车刀；9—内螺纹车刀；10—盲孔车刀；11—通孔车刀

（1）45°弯头车刀：主要用于车削不带台阶的光轴，它可以车外圆、端面和倒角，使用比较方便，刀头和刀尖部分强度高。

（2）偏刀：偏刀的主偏角为 90°，用来车削工件的端面和台阶，有时也用来车外圆，特别是用来车削细长工件的外圆，可以避免把工件顶弯。分为左偏刀和右偏刀两种，常用的是右偏刀，它的刀刃向左。

（3）切断刀和切槽刀：切断刀的刀头较长，其刀刃亦狭长，这是为了减少工件材料消耗和切断时能切到中心的缘故。因此，切断刀的刀头长度必须大于工件的半径。

（4）扩孔刀：扩孔刀又称镗孔刀，用来加工内孔。分为通孔刀和不通孔刀两种。

（5）螺纹车刀：螺纹按牙型有三角形、方形和梯形等，相应使用三角形螺纹车刀、方形螺纹车刀和梯形螺纹车刀等。螺纹的种类很多，其中以三角形螺纹应用最广。采用三角形螺纹车刀车削公制螺纹时，其刀尖角必须为 60°，前角取 0°。

2) 按结构不同划分(表 6-1)

表 6-1　按结构不同划分的车刀

类 型 名 称		特　　点	应 用 场 合
整体式		整体高速钢制造、刃磨锋利	小型车床、加工有色金属、成形车刀
焊接式		焊接硬质合金刀片,结构紧凑,使用灵活	各类车刀,特别是小刀具
机械夹固式	机夹重磨式	避免了焊接式车刀的缺点,使用灵活方便	各类车刀
	机夹可转位式	避免焊接式车刀的缺点,效率高	特别适用于数控机床

2. 车刀的组成

车刀是由刀头(或刀片)和刀杆两部分组成。刀杆用于把车刀装夹在刀架上。刀头部分担负切削工作,所以又称切削部分。车刀的切削部分是由三面、二刃、一尖所组成,也称一点二线三面,如图 6-9 所示。

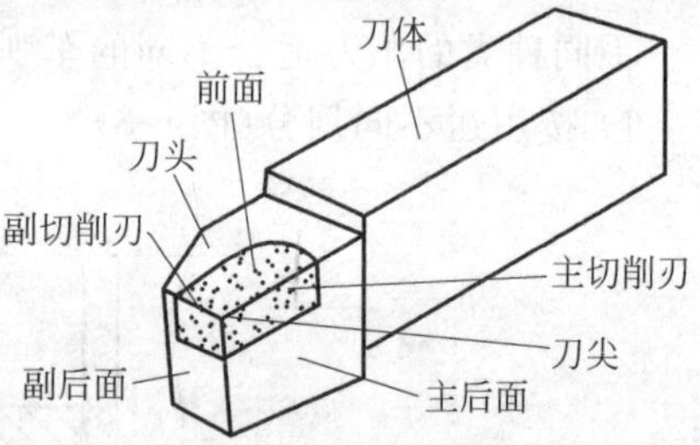

(1) 前面:刀具上切屑流过的表面。

(2) 主后面:同工件上加工表面互相作用和相对着的刀面。

(3) 副后面:同工件上已加工表面互相作用和相对着的刀面。

(4) 主切削刃:前刀面和后刀面的相交部位。它担负着主要的切削工作。

(5) 副切削刃:前刀面和副后刀面的相交部位。它配合主功削刃完成切削工作。

(6) 刀尖:主切削刃和副切削刃的连接部位。为了提高刀尖的强度和寿命,多数车刀在刀尖处磨出圆弧形或直线型过渡刃。

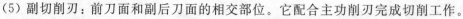

图 6-9　车刀的组成

6.1.5　刀具、工件的装夹

1. 刀具的装夹

车刀装夹得是否正确,直接影响切削的顺利进行和工件的加工质量。即使刃磨了合理的车刀角度,如果不正确装夹,也会改变车刀工作时的实际角度。装夹车刀时,必须注意以下几点:

(1) 车刀不宜伸出太长,否则切削时刀杆的刚性减弱,容易产生振动,影响工件的表面粗糙度,甚至使车刀损坏。车刀的伸出长度,一般以不超过刀杆厚度的 1.5 倍为宜。车刀下面的垫片要平整,并应与刀架对齐,而且尽量以少量的厚垫片代替较多的薄垫片,以防止车刀产生振动。

(2) 车刀刀尖应与主轴轴线一样高。车刀装得太高,会使车刀的实际后角减小,使车刀后刀面与工件之间的摩擦增大；车刀装得太低，会使车刀的实际前角减小，使切削不顺利。

（3）装夹车刀时，刀杆中心线应跟进给方向垂直，否则会使主偏角和副偏角的数值发生变化。

（4）车刀至少要用两个螺钉压紧在刀架上，并逐个轮流旋紧。旋紧时不得用力过大而损坏螺钉。

2．工件的装夹

常用的工件装夹夹具为三爪自定心卡盘。

三爪自定心卡盘的构造如图 6-10 所示。三爪自定心卡盘是用连接盘装夹在车床主轴上的。当扳手方榫插入小锥齿轮 2 的方孔 1 转动时，小锥齿轮 2 就带动大锥齿轮 3 转动。大锥齿轮 3 的背面是一平面螺纹 4，三个卡爪 5 背面的螺纹跟平面螺纹 4 啮合，因此当平面螺纹 4 转动时，就带动三个卡爪 5 同时作向心或离心移动。

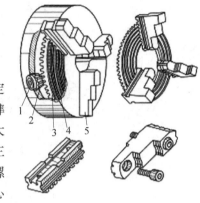

图 6-10　三爪自定心卡盘构造

6.1.6　量具的使用

量具是保证产品质量的常用工具。正确使用量具是保证产品加工精度，提高产品质量的最有效的手段。

1．钢直尺的规格和使用

钢直尺是简单量具，其测量精度一般在 ±0.2mm 左右，在测量工件的外径和孔径时，必须与卡钳配合使用。钢直尺上刻有公制或英制尺寸，常用的公制钢直尺的长度规格有 150、300、600、1 000 等四种，如图 6-11 所示即为 150mm 规格钢直尺。

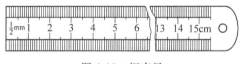

图 6-11　钢直尺

2．游标卡尺的结构和使用方法

游标卡尺是一种常用的量具，具有结构简单、使用方便、精度中等和测量的尺寸范围大等特点，可以用它来测量零件的外径、内径、长度、宽度、厚度、深度和孔距等，应用范围很广，如图 6-12 所示。

1）结构

游标卡尺由主尺和副尺（又称游标）组成。主尺与固定卡脚制成一体。副尺与活动卡脚制成一体，并能在主尺上滑动。游标卡尺有 0.02、0.05、0.1mm 三种测量精度。

2）读数方法

游标卡尺是利用主尺刻度间距与副尺刻度间距读数的。

（1）如图 6-13 所示，主尺的刻度间距为 1mm，当两卡脚合并时，主尺上 49mm 刚好等于副尺上 50 格，副尺每格长为 0.98mm。主尺与副尺的刻度间相距为 1−0.98＝0.02mm，因此它的测量精度为 0.02mm（副尺上直接用数字刻出）。

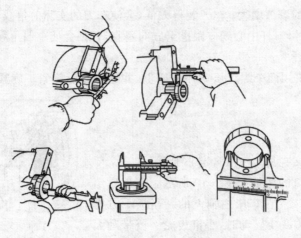

图 6-12　游标卡尺的使用方法

图 6-13　游标卡尺的刻线

（2）游标卡尺读数分为三个步骤,以图 6-14 所示测量精度为 0.02mm 的游标卡尺的某一状态为例进行说明。

① 主尺上读出副尺零线以左的刻度,该值就是最后读数的整数部分。图 6-14 所示读数为 33mm。

② 副尺上一定有一条与主尺的刻线对齐,在刻尺上读出该刻线距副尺的格数,将其与刻度间距 0.02mm 相乘,就得到最后读数的小数部分。如图 6-14 所示读数为 0.24mm。

③ 将所得到的整数和小数部分相加,就得到总尺寸为 33.24mm。

3．外径千分尺的使用

外径千分尺是车削加工时最常用的一种精密测量仪器,其测量精度可以达到 0.01mm。测量工件的姿势和方法如图 6-15 所示。

图 6-14　游标卡尺的读数示例

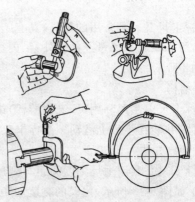

图 6-15　外径千分尺的使用方法

外径千分尺的规格按测量范围划分,在 500mm 以内时,每 25mm 为一档,如 0～25mm、25～50mm 等。在 500mm 以上至 1000mm 时,每 100mm 为一档,如 500～600mm、600～700mm 等。

6.2　车外圆柱面

　　用车床车削一个尺寸如图 6-1 所示的法兰盘装配图所示的零件,需要完成以下加工过程:①车削端面完成右侧端面的车削;②粗车和精车完成 $\phi 125$ 的外圆柱面;③切断,从毛坯上切下长度为 15mm 的工件;④反向装夹工件,粗车和精车完成 $\phi 65$ 的外圆柱面,并保证 $\phi 125$ 圆柱面的长度为 12mm;⑤车削端面完成左侧端面的车削;⑥完成 $2 \times 45°$ 等倒角。要完成这些加工工序,首先要熟悉下面几种加工方法。

6.2.1　车削外圆、端面

1. 车外圆

1)调整车床

　　车床的调整包括主轴转速和车刀的进给量。主轴的转速是根据切削速度计算选取的。进给量主要根据工件加工要求确定。粗车时,一般取 0.2～0.3mm/r;精车时,根据表面粗糙度而定。

2)具体操作

　　(1)移动床鞍至工件的右端,用中滑板控制进刀深度,摇动小滑板丝杠或床鞍纵向移动车削外圆。一次进给完毕,横向退刀,再纵向移动刀架或床鞍至工件右端,进行第二、第三次进给车削,直至符合图样要求为止。

　　(2)在车削外圆时,通常要进行试切削和试测量。其具体方法是:根据工件直径余量的 1/2 作横向进刀,当车刀在纵向外圆上进给 2mm 左右时,纵向快速退刀,然后停车测量(注意横向不要退刀)。如果已经符合尺寸要求,就可以直接纵向进给进行车削,否则可按上述方法继续进行试切削和试测量,直至达到要求为止。试切法的步骤如图 6-16 所示。

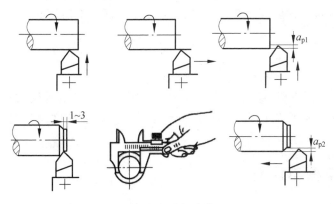

图 6-16　试切步骤

(3)为了确保外圆的车削长度,通常先采用刻线痕法,后采用测量法进行。即在车削前根据需要的长度,用钢直尺、样板或卡尺及车刀刀尖在工件的表面刻一条线痕,然后根据线痕进行车削。当车削完毕,再用钢直尺或其他工具复测。

3)车外圆时的质量分析

(1)尺寸不正确的主要原因:车削时粗心大意、看错尺寸;刻度盘计算错误或操作失误;测量时不仔细、不准确而造成。

(2)表面粗糙度不合要求的主要原因:车刀刃磨角度不对;刀具安装不正确或刀具磨损,以及切削用量选择不当;车床各部分间隙过大而造成。

(3)外径有锥度的主要原因:吃刀深度过大,造成刀具磨损;刀具或拖板松动;用小拖板车削时转盘下基准线不对准"0"线;两顶尖车削时床尾"0"线不在轴心线上;精车时加工余量不足造成。

2. 车端面

1)端面的车削方法

车端面时,刀具的主刀刃要与端面有一定的夹角。工件伸出卡盘外部分应尽可能短些,车削时用中拖板横向走刀,走刀次数根据加工余量而定,可采用自外向中心走刀,也可以采用自圆中心向外走刀的方法。

2)车端面注意事项

(1)车刀的刀尖应对准工件中心,以免车出的端面中心留有凸台。

(2)偏刀车端面,当背吃刀量较大时,容易扎刀。背吃刀量 a_p 的选择:粗车时 a_p 为 $0.2 \sim 1mm$,精车时 a_p 为 $0.05 \sim 0.2mm$。

(3)端面的直径从外到中心是变化的,切削速度也在改变,在计算切削速度时必须按端面的最大直径计算。

(4)车直径较大的端面,若出现凹心或凸肚时,应检查车刀和方刀架,以及大拖板是否锁紧。

3)车端面的质量分析

(1)端面不平,产生凸凹现象或端面中心留"小头"。主要原因有车刀刃磨或安装不正确、刀尖没有对准工件中心、吃刀深度过大、车床有间隙拖板移动造成。

(2)表面粗糙度差。原因是车刀不锋利、手动走刀摇动不均匀或太快、自动走刀切削用量选择不当。

3. 倒角

当平面、外圆车削完毕,移动刀架、使车刀的切削刃与工件的外圆成 45°夹角,然后移动床鞍至工件的外圆和平面的相交处进行倒角。$1 \times 45°$是指倒角在外圆上的轴向距离为 1mm。

6.2.2 车槽与切断

在工件表面上车沟槽的方法叫切槽,形状有外槽、内槽和端面槽。外沟槽是在工件的外圆或端面上切削出来的各种形式的槽。内沟槽则是在工件的内孔里面切削出来的各种形式的槽。通过该项目的训练,可以学会内、外沟槽的车削方法。

1．车槽

1）车槽方法

（1）车削精度要求不高的和宽度较窄的矩形沟槽,可以用刀宽等于槽宽的车槽刀,采用直进法一次进给车出。精度要求较高的沟槽,一般采用二次进给车成。第一次进给车沟槽时,槽壁两侧留精车余量,第二次进给时用等宽刀修整。

（2）车削较宽的沟槽,可以采用多次直进法切割。注意在槽壁两侧留一定的精车余量,然后根据槽深、槽宽精车至图样尺寸。

（3）车削较小的圆弧形槽,一般用成形刀车削。较大的圆弧形槽,先用双手联动车削,然后用样板检查修整。

（4）车削较小的梯形槽,一般以成形刀车削完成。较大的梯形槽,通常先车直槽,后用梯形刀直进法或左右切削法完成。

2）槽的测量

精度要求低的沟槽,一般采用钢直尺和卡钳测量。精度较高的沟槽,底径可用千分尺,槽宽可用样板、游标卡尺、塞规等检查测量。

3）容易产生的问题和注意事项

（1）车槽刀主切削刃和轴心线不平行,车成的沟槽槽底一侧直径大,另一侧直径小,形成竹节。

（2）要防止槽底与槽壁相交处出现圆角和槽底中间尺寸小、靠近槽壁两侧直径大的现象。

（3）槽壁与轴心线不垂直,出现内槽狭窄外口大的喇叭形,造成这种情况的主要有切削刃磨钝让刀、车刀刃磨角度不正、车刀装夹不垂直等原因。

（4）槽壁与槽底产生小台阶,主要原因是接刀不当所造成。

（5）用借刀法车沟槽时,注意各条槽距。

（6）要正确使用游标卡尺、样板、塞规测量沟槽。

2．切断

在车削加工中,经常需要把太长的原材料切成一段一段的毛坯,然后再进行加工,也有一些工件在车好以后,再从原材料上切下来,这种加工方法叫切断。

1）切断方法

（1）用直进法切断工件:所谓直进法是指垂直于工件轴线方向切断,这种切断方法效率高,但对车床刀具刃磨与装夹有较高的要求,否则容易造成切断刀的折断。

（2）左右借刀法切断工件:在切削系统(刀具、工件、车床)刚性等不足的情况下,可采用左右借刀法切断工件。这种方法是指切断刀在径向进给的同时,车刀在轴线方向反复的往返移动直至工件切断。

2）容易产生的问题和注意事项

（1）被切工件的平面产生凹凸的原因是:切断刀两侧的刀尖刃磨或磨损不一致造成让刀,因而使工件平面产生凹凸;窄切断刀的主刀刃与工件轴心线有较大的夹角,左侧刀尖有磨损现象,进给时在侧向切削力的作用下刀头易产生偏斜,势必产生工件平面内凹;主轴轴向窜动;车刀安装歪斜或副刀刃没磨直。

(2)切断时产生震动:主轴和轴承之间间隙过大;切断的棒料过大在离心力的作用下产生震动;切断刀远离支撑点;工件细长切断刀刃口太宽;切断时转速过高,进给量过大;切断刀伸出过长。

(3)切断刀折断的原因:工件装夹不牢靠,切割点远离卡盘,在切削力作用下工件抬起造成刀头折断;切断时排屑不良,铁屑堵塞造成刀头载荷过大时刀头折断;切断刀的副偏角副后角磨的太大,削弱了刀头强度使刀头折断;切断刀装夹跟工件轴心线不垂直,主刀刃与轴线不等高;进给量过大或切断刀前角过大;床鞍中小滑板松动切削时产生扎刀致使切断刀折断。

(4)切断前应调整中小滑板的松紧,一般以紧为好。

(5)用高速钢刀切断工件时应浇注切削液,这样可以延长切断刀的使用寿命;用硬质合金切断工件时,中途不准停车否则刀刃易碎裂。

(6)一夹一顶或两顶尖安装工件不能把工件直接切断,以防切断时工件飞出伤人。

(7)用左右借刀法切断工件时,借刀速度应均匀,借刀距离要一致。

6.3　实训项目

1. 训练图样(图6-17)

2. 材料准备

毛坯:$\phi 42 \times 100$　　材料:尼龙棒

3. 技术要求

(1)未注公差为IT14,未注倒角为 0.5×45°。

(2)不得使用砂布和油石等打光加工表面。

(3)锐边去毛刺。

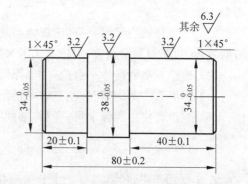

图6-17　台阶轴图样

4. 考核要求

(1)工时定额:1.5h。

(2)安全文明生产。正确执行国家颁布的安全生产有关规定或学校自定的有关文明生产规定,做到工作场地整洁,工件、夹具、刀具、量具放置合理、整齐有序。

5. 车削步骤

(1)用三爪自定心卡盘夹牢毛坯外圆,露出长度不少于 41mm,车右端面。

(2)用 90°偏刀分别车外圆 $\phi 34 \times 40$ 至尺寸,并倒角。

(3)调头装夹 $\phi 34$ 外圆处,找正夹牢,车 $\phi 38$ 及端面保证总长尺寸(80±0.20)mm。

（4）车外圆 $\phi 34 \times 20$ 至尺寸，并使倒角符合要求。

评分表如表 6-2 所示。

表 6-2　考核评分标准

项目	技术要求	评分标准	配分	得分
外圆	$34_{-0.05}^{0}$	超差无分	10	
	$38_{-0.05}^{0}$（2 处）	超差无分	20	
粗糙度	$Ra3.2$（3 处）	一处达不到扣 5 分	15	
	$Ra6.3$（2 处）	达不到无分	5	
长度	80 ± 0.2	超 0.2 以上无分	10	
	40 ± 0.1	超 0.1 以上无分	10	
	20 ± 0.1	超 0.1 以上无分	10	
其他	倒角 $1 \times 45°$	有毛刺为不合格无分	5	
	倒角 $0.5 \times 45°$	有毛刺为不合格无分	5	
	安全文明		10	

6.4　安全操作规程

坚持安全、文明生产是保障生产工人和设备的安全，防止工伤和设备事故的根本保证，同时也是工厂科学管理的一项十分重要的手段。它直接影响到人身安全、产品质量和生产效率的提高，影响设备和工、夹、量具的使用寿命和操作工人技术水平的正常发挥。安全、文明生产的一些具体要求是在长期生产活动中的实践经验和血的教训的总结，要求操作者必须严格执行。

从开始学习基本操作技能时，就要重视培养文明生产的良好习惯。因此，要求操作者在操作时必须做到：

（1）训练场地内要服从指导教师安排，按规范着装，认真听讲，仔细观摩，严禁嬉戏打闹。

（2）必须在掌握相关设备和工具的正确使用方法后，才能进行操作。未经实训指导教师许可或不在场的情况下，不得私自开动车床。

（3）开动机床前要检查机床周围有无障碍物，各操作手柄位置是否正确，工件及刀具是否装夹牢固。

（4）安装车刀时，刀尖应与工件中心在同一高度，垫片的形状尺寸应与刀体形状尺寸相一致，垫片应尽可能少而平，刀杆伸出刀架外不宜过长。

（5）工件、刀具装好后要进行加工极限位置的检查。

（6）工件夹紧后必须随手取下卡盘扳手，以免飞出造成事故。

（7）加工过程中严禁戴手套进行操作，不准用手触摸运动的工件和刀具，不准站在切屑飞出的方向，不准用棉纱或手清理切屑。

（8）加工工件时，操作者必须密切关注机床的加工过程，不得擅自离开工作岗位。

（9）切削用量应根据工件的材料和加工要求适当选择。

（10）调整转速、更换车刀或测量工件时,都必须在机床停止运转后进行,停车时不准用开倒车来代替刹车,严禁用手去刹卡盘。

（11）机床导轨面上不准存放夹具、量具、工件、刀具等物品。

（12）训练结束后关闭电源,擦净机床并在指定部位加注润滑油,各部件调整到正常位置,将场地清扫干净。

复习思考题

1．填空题

（1）车削加工就是利用_____和_____来改变毛坯的形状和尺寸,把它加工成_____的零件。

（2）切削用量三要素是_____、_____及_____。

（3）安装车刀时,刀尖应对准工件的_____。

2．判断题

（1）工作运动分为横向进给运动和纵向进给运动两种。（   ）

（2）车刀装得太高,会使车刀的实际后角减小,使车刀后刀面与工件之间的摩擦增大。（   ）

3．问答题

（1）造成切断刀折断的原因有哪些?

（2）车刀根据用途可分为哪几类?

4．操作题

根据图 6-18 所示工件图样,写出加工步骤。

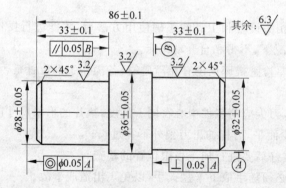

图 6-18　工件图样

第 7 章

铣削、磨削加工

问题导入

如图 7-1 所示,不同的零件,其表面形状不尽相同,加工方法也不尽相同。铣削和磨削是零件表面加工常用的方法。

(a) 有沟槽的零件　　　　　　　　(b) 零件端面　　　　　　　(c) 有斜面的零件

图 7-1　零件表面加工

铣削、磨削加工的刀具和切削方式不同,它们的工艺特点也有较大的差别。因此,应根据它们的工艺特点,对铣削、磨削加工进行分析比较。磨削是一种常用的半精加工和精加工方法。什么情况下选用铣削、磨削? 在选择零件表面的加工方案时,除了要考虑零件表面的精度和表面粗糙度要求外,还应考虑零件的结构和尺寸、材料性能和热处理要求以及生产规模等诸多因素。

7.1　铣　　削

7.1.1　概念

铣工是指在铣床上利用铣刀等刀具进行切削加工,使工件获得图样所要求的精度(包括尺寸、形状和位置精度)和表面质量的一个工种。

铣床是利用旋转的多刃刀具来进行切削的,故其具有效率高、加工范围广等特点,可铣平面、台阶、沟槽、成形面、特形沟槽、齿轮螺旋槽、牙嵌离合器,以及切断和镗孔等。因此铣削加工在机械制造业中得到广泛的应用。

1. 铣床的类型及特点

(1) 卧式铣床：其主轴是水平的,如图 7-2 所示。

(2) 立式铣床：其主轴与工作台的工作表面相互垂直,铣头与床身连成整体,主轴刚性好,如图 7-3 所示。

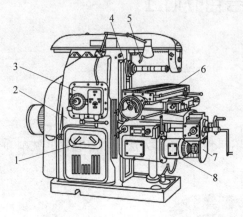

图 7-2　卧式铣床

1—机床电器系统;2—床身系统;3—变速操作系统;

4—主轴及传动系统;5—冷却系统;6—工作台系统;

7—升降台系统;8—进给变速系统

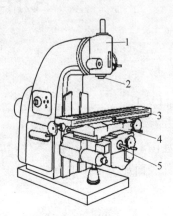

图 7-3　立式升降台铣床

1—铣头;2—主轴;3—工作台;

4—床鞍;5—升降台

(3) 万能工具铣床：有两个主轴,可以加工各种角度和比较复杂的型面,工作台能在相互垂直的平面内旋转一定的角度。

2. 铣床主要附件

(1) 铣刀：包括圆柱铣刀、三面刃铣刀、锯片铣刀、角度铣刀、成形铣刀、立铣刀、端铣刀和键槽铣刀。

(2) 平口钳：适合装夹小型零件,如装夹轴类零件铣键槽,如图 7-4 所示。

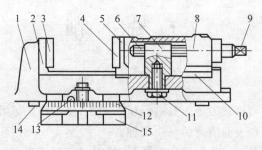

图 7-4　平口钳

1—虎钳体;2—固定钳口;3,4—钳口铁;5—活动钳口;6—丝杠;7—螺母;8—活动座;

9—方头;10—压板;11—紧固螺钉;12—回转底盘;13—钳座零线;14—定位键

3. 铣床加工工艺范围

铣床加工工艺范围有：铣平面、铣螺旋槽、铣台阶面、铣键槽、铣直槽、铣成形面、切断，如图 7-5 所示。

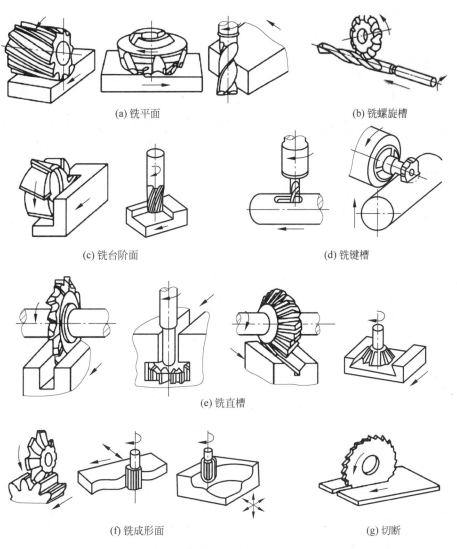

(a) 铣平面　　　　　　　　　　　　　　(b) 铣螺旋槽

(c) 铣台阶面　　　　　　　　　　　　　(d) 铣键槽

(e) 铣直槽

(f) 铣成形面　　　　　　　　　　　　　(g) 切断

图 7-5　铣削范围

4. 顺铣与逆铣

铣削有顺铣与逆铣两种方式。铣刀对工件的作用力在进给方向上的分力与工件进给方向相同的铣削方式称为顺铣；铣刀对工件的作用力在进给方向上的分力与工件进给方向相反的铣削方式称为逆铣。用圆柱形铣刀周铣平面时的铣削方式，如图 7-6 所示。

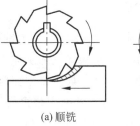
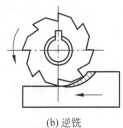

(a) 顺铣　　　　　　(b) 逆铣

图 7-6　顺铣与逆铣

7.1.2 铣刀简介

在铣削加工中,应根据铣床的情况和加工需要合理地选择和使用铣刀。

1. 铣刀的种类

按照用途的不同,可将铣刀分为铣削平面用铣刀、铣削直角沟槽用铣刀、铣削特种沟槽用铣刀和铣削特形面用铣刀等。

2. 铣刀的标记

为了便于识别铣刀的材料、尺寸规格和制造厂家等,铣刀上都刻有标记,标记的内容主要有以下几种:

1)制造厂家商标

我国制造铣刀的厂家很多,如哈尔滨量具刃具厂、上海工具厂和成都量具刃具厂等,各制造厂都将自己的注册商标标注在其产品上。

2)铣刀材料

铣刀的材料一般用材料的牌号表示,如 HSS 表示铣刀的材料为高速钢。

3)铣刀尺寸规格

铣刀的尺寸规格标注因铣刀形状的不同而略有不同。因铣刀上的标注尺寸均为基本尺寸,在使用和刃磨后会产生变化,所以在使用时应加以注意。

(1)带孔铣刀:带孔铣刀包括圆柱铣刀,三面刃铣刀和锯片铣刀等,一般以"外圆直径×宽度×内孔直径"来表示尺寸规格。例如,三面刃铣刀上标有 $80 \times 12 \times 27$,表示该铣刀的外圆直径为 80mm,宽度为 12mm,内孔直径为 27mm。

(2)指状铣刀:指状铣刀包括立铣刀和键槽铣刀等,尺寸规格一般只标注外圆直径。如锥柄立铣刀上标有 $\phi 18$,则表示该立铣刀的外圆直径是 18mm。

(3)盘形铣刀:角度铣刀和半圆铣刀等盘形铣刀,一般以"外圆直径×宽度×内孔直径×角度(或圆弧半径)"表示。例如,角度铣刀的外圆直径为 80mm,宽度为 22mm,内孔直径为 27mm,角度为 $60°$,则标记为 $80 \times 22 \times 27 \times 60°$。同样道理,在半圆铣刀的末尾标有 8R,则表示铣刀圆弧半径为 8mm。

7.1.3 铣削用量的选择

1. 铣削用量的选择原则

选择铣削用量时应充分发挥刀具的铣削性能和铣床的潜力,合理的铣削用量应该保证零件的质量、提高生产效率和降低加工成本。在铣削过程中,如果能在一定时间内切除较多的金属,就有较高的生产率。提高铣削速度 v_c、增大背吃刀量 a_p 和侧吃刀量 a_c、增大进给量 f 都可以增加金属切除量。铣削用量提高,则铣削温度相应升高,热效应明显。由于热效应作用导致刀具磨损加快、寿命降低。因此,v_c、a_p、a_c 和 f 对刀具寿命的影响也是不同的,即铣削速度对刀具寿命影响最大。

一般来说,粗加工时应尽可能发挥刀具、铣床的潜力和保证合理的刀具耐用度,减少铣削工艺时间,提高生产率;精加工时,则要先保证加工精度和表面粗糙度的要求,然后兼顾合理的刀具耐用度和生产率。

2．背吃刀量的选择

背吃刀量的选择决定于工件的加工余量和所要求的加工精度。

(1) 工件精度要求不高或表面粗糙度要求为 $Ra50\sim Ra12.5$ 时,尽量一次走刀去除全部加工余量。当加工余量大于 8mm 或工艺系统刚度较差时,可分两次或多次走刀铣削。这时第一刀的吃刀量应尽可能大一些,以使刀尖避开工件表面的铸、锻硬皮。通常,中型铣床铣削钢材料时吃刀量为 $3\sim 5mm$,铣削铸铁时吃刀量为 $5\sim 7mm$。对于圆柱铣刀,背吃刀量 a_p 应小于铣刀长度,侧吃刀量 a_e 的选择原则与上述原则相同(圆柱体铣刀的侧吃刀量相当于端铣刀的背吃刀量)。

(2) 工件精度要求较高或表面粗糙度要求为 $Ra6.3\sim Ra3.2$ 时,可分为粗铣和半精铣两步铣削,粗铣后留 $0.5\sim 1mm$ 余量,再由半精铣完成。

(3) 工件精度要求较高或表面粗糙度要求为 $Ra3.2\sim Ra1.6$ 时,可分为粗铣、半精铣和精铣三步铣削,半精铣前预留吃刀量为 $1.5\sim 2mm$,精铣前预留吃刀量为 $0.5mm$ 左右。

3．进给量的选择

铣削进给量是指每齿进给量 f_z,每齿进给量是衡量铣削加工水平的重要指标。进给量的选择受到一些条件的限制,如粗铣时进给量受切削力的限制,在工艺系统强度、刚度允许的条件下,粗铣时的进给量应尽量选大些;精铣和半精铣时,进给量受表面粗糙度的限制,为了保证零件精度和表面粗糙度的要求,一般采用较小的进给量;对不同的铣刀材料也要考虑限制条件,如高速钢铣刀进给量受刀柄刚度和刀体强度的限制,硬质合金铣刀进给量受刀片强度的限制。

4．铣削速度的选择

在吃刀量和进给量确定之后,则可在保证合理刀具耐用度的前提下确定合理的铣削速度。粗铣时,铣削速度的选择主要考虑铣床的许用功率和工艺系统刚度,在允许的情况下选择较大值,以提高生产率。精铣时,一般背吃刀量(或侧吃刀量)和进给量较小,铣削速度的选择不会超过铣床的功率。为了抑制积屑瘤的产生,提高表面质量,硬质合金铣刀采用较高铣削速度,高速钢铣刀则采用较低的铣削速度。

5．难铣削材料的种类

当被铣削加工材料的硬度和强度很大,特别是高温硬度和高温强度很大,材料内部含有硬质点且塑性特别好,加工硬化严重或者材料导热性很差时,这些材料都属于难铣削材料。

生产中常用的难铣削材料有高强度合金钢、高锰钢、不锈钢、高温合金、钛合金、冷硬铸铁以及玻璃钢和陶瓷等。

6. 解决难铣削材料铣削加工问题的途径

(1) 合理选择刀具材料。目前,常用的刀具材料有耐高温硬度高、强度大、抗磨损能力强和加工工艺性好的超硬高速钢和硬质合金,必要时可采用人造聚晶金刚石、立方氮化硼和陶瓷刀具。

(2) 对工件材料进行相应的热处理,调整材料的强度和硬度,以改善材料的可加工性,尽可能使材料在最适宜的组织状态下进行铣削。

(3) 提高工艺系统的强度和刚度,提高铣床的功率,并要求工件的安装(定位和夹紧)可靠,在铣削过程中要求均匀的机械进给,切忌手动进给和中途停顿。

(4) 刀具表面应该仔细研磨,达到尽可能小的表面粗糙度,以减小摩擦和粘接,减小因冲击造成的崩刀。

(5) 合理选择刀具几何参数和铣削用量,提高刀齿强度和改善散热条件。

(6) 对断屑、卷屑、排屑和容屑给予足够的重视,以提高刀具寿命和加工质量。

(7) 合理选择切削液,切削液供给要充足,不能中断。

(8) 采用特种加工。

7.2　磨　　削

7.2.1　概念

磨削加工是在磨床上用磨具对工件表面进行精加工,使工件的各项技术指标达到图纸要求。磨削加工是应用较为广泛的切削加工方法之一,是一种比较精密的金属加工方式,加工余量少、精度高。磨削用于加工各种工件的内外圆柱面、圆锥面及平面、斜面、垂直面,以及螺纹、齿轮和花键等特殊、复杂的成形表面。

由于砂轮磨粒的硬度很高,磨具又具有自锐性,磨削可以用于加工各种软硬材料和非金属材料,包括未淬硬钢、铸铁、淬硬钢、高强度合金钢、硬质合金、有色金属、玻璃、陶瓷和大理石等高硬度金属和非金属材料。磨削速度是指砂轮线速度,一般磨削为 30~35m/s,超过45m/s 时称为高速磨削。磨削通常用于半精加工和精加工,磨削速度高、耗能多,切削效率低,磨削温度高,工件表面易产生烧伤、残余应力等缺陷。金属切除率比一般切削小,故在磨削之前工件通常都先经过其他切削方法去除大部分加工余量,仅留 0.1~1mm 或更小的磨削余量。随着缓进给磨削、高速磨削等高效率磨削的发展,已经能从毛坯直接把零件磨削成形。也有用磨削作为粗加工的,如磨除铸件的浇冒口、锻件的飞边和钢锭的外皮等。

7.2.2　磨削的工艺特点及应用

在磨床上磨削加工是零件精加工的主要方法之一。

磨削时可采用砂轮、油石、磨头、砂带等作为磨具,而最常用的磨具是用磨料和结合剂做成的砂轮。磨削的加工范围很广,不仅可以加工内外圆柱面、内外圆锥面和平面,还可加工螺纹、齿轮、曲轴、叶片、花键轴等特殊的成形表面,磨削的加工范围如图 7-7 所示。

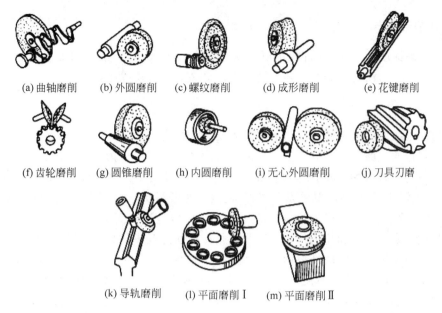

(a) 曲轴磨削　(b) 外圆磨削　(c) 螺纹磨削　(d) 成形磨削　(e) 花键磨削

(f) 齿轮磨削　(g) 圆锥磨削　(h) 内圆磨削　(i) 无心外圆磨削　(j) 刀具刃磨

(k) 导轨磨削　(l) 平面磨削 I　(m) 平面磨削 II

图 7-7　磨削的加工范围

从本质上来说,磨削加工是一种切削加工,但又不同于车削、铣削、刨削等加工方法:

1. 磨削属多刃、微刃切削

砂轮上的每一粒磨粒相当于一个切削刃,而且切削刃的形状及分布处于随机状态,每个磨粒的切削角度、切削条件和锋利程度均不相同。不同的磨粒对工件表面分别起着切削、摩擦、抛光的作用。

2. 加工精度高

磨削属于微刃切削,切削厚度极薄,每个磨粒切下的切屑体积很小,切削厚度一般只有 $0.01\sim1\mu m$,可获得很高的加工精度和极低的表面粗糙度值。

普通磨削尺寸公差等级可达 IT6~IT5,表面粗糙度 Ra 值可达 $0.8\sim0.2\mu m$。

精密磨削的尺寸公差等级可达 IT4,$Ra0.08\mu m$,镜面磨削可达 $Ra0.01\mu m$,圆度公差可达到 $0.1\mu m$。

3. 磨削速度高

普通砂轮磨削的线速度很高,每秒可达 30m~45m/s,目前的高速磨削砂轮线速度已达到 50~250m/s。故磨削区温度很高,可达 $1\,000\sim1\,500℃$,可以造成工件表面烧伤、退火、裂纹,因此磨削时必须使用冷却液。磨削中每个磨粒的切削过程历时很短,只有万分之一秒左右。

4. 加工范围广

磨粒硬度很高,因此磨削不但可以加工碳钢、铸铁等常用金属材料,还能加工一般刀具难以加工的高硬度、高脆性材料,如淬火钢、硬质合金等。但磨削不太适宜加工硬度低而塑性大的金属材料,即通常所说的黏性大的材料。

5. 切削深度小

磨削切削深度小,在一次行程中所能切除的金属层很薄,一般磨削加工的金属切除率低,生产效率较低,而高速磨削和强力磨削则可提高的金属切除率。

6. 磨削过程

磨削加工的实质是工件被磨削的金属表层在无数磨粒的瞬间挤压、刻划、切削、摩擦、抛光作用下进行的。磨削瞬间起切削作用的磨粒的磨削过程可分为 4 个阶段:第一阶段砂轮表面的磨粒与工件材料接触的弹性变形阶段;第二阶段磨粒继续切入工件,工件进入塑性变形阶段;第三阶段材料的晶粒发生滑移,使塑性变形不断增大,当磨削力达到工件材料的强度极限时,被磨削层的材料产生挤裂阶段;最后阶段是被切离。

磨削过程表现为力和热的作用。磨削热是在磨削过程中,由于被磨削材料层的变形、分离及砂轮与被加工材料间的摩擦而产生的热。磨削热较大,热量传入砂轮、磨屑、工件或被切削液带走。然而,砂轮是不良导体,几乎 80% 的热量传入工件和磨屑,并使磨屑燃烧。磨削区域的高温会引起工件的热变形,从而影响加工精度。严重的会使工件表面灼伤,出现裂纹等弊病。因此,磨削时应特别注意对工件的冷却和减小磨削热,以减小工件的热变形,防止工件表面产生灼伤和裂纹。

磨削加工是机械制造中重要的加工工艺,已广泛用于各种表面的精密加工。许多精密铸件、精密锻件和重要配合面也要经过磨削才能达到精度要求。因此,磨削在机械制造业中的应用日益广泛。

7.3　安全操作规程

1. 铣床操作规程

(1) 操作者必须熟悉本机床的结构、性能、操作系统、传动系统、防护装置、润滑部位、电气等基本知识和使用方法。

(2) 上机操作前按规定穿戴好劳动防护用品,女同学必须将头发压入工作帽内,高速切削时戴好防护眼镜,加工铸件时戴好口罩。严禁戴手套、围围巾、穿围裙操作。

(3) 开车前检查各手柄位置、各传动部位和防护罩、限位装置、刀盘是否牢固可靠、切削液是否符合要求,电气保护接零可靠等。检查后,按本机床润滑图表规定的部位和油量进行班前润滑加油。加工铸件时导轨严禁涂油。

(4) 检查和加油后,操作者开车主轴低速空转 3~5min,检查机床运行有无异常声响,各部位润滑情况,润滑油位情况,操纵手柄是否灵活,连锁机构是否正常可靠,手柄、手轮牙嵌式离合器是否正常。

(5) 加工操作时精神要集中,严禁和他人谈话;严禁自动走刀时离岗;不准开车变速;不准超规范使用;不准随意拆除机械限位;不准在导轨上放置物品;不准私装多余装置;离开机床时必须停车,时间长时应关闭电源。

(6) 装夹铣刀时,工作台面应垫木板。检查刀具锥柄应锥度正确、清洁无毛刺,装夹时用力应均匀,装夹牢固可靠,并随时检查有无松动。

（7）装夹工件时,工件必须紧固可靠。

（8）工作时,操作者必须站在铣刀切削方向侧面,防止刀具、工件、切屑迸溅伤人。切屑飞溅时,机床周围应设挡屑板。

（9）快速进退刀时,必须注意手柄、手轮有无误动和工作台面运动情况。对刀时必须手摇进刀,正在走刀时不准停车,铣深槽时要停车退刀。自动走刀时,应根据工件和铣刀的材料,选择适当的进刀量和转速。

（10）测量工件时,必须先停车,将工件退离刀具较远的地方,再测量工件。

（11）加工时严禁用手清理切屑,一定要用专用工具。加工时切屑堆积过多时,应及时停车清理。严禁用压缩空气清理切屑。

（12）切削液冷却流量应调整合适,冷却部位应合理,不准加工时产生飞溅。变质切削液应及时清理收集后,送单位定点收集处,严禁随意倾倒。

（13）机床发生故障或有异常声响时,应及时停车检查和处理。无法处理时,及时报维修人员处理,处理后填写设备日常维修记录和停机台时记录。所有电气故障严禁操作者处理。

（14）加工结束或下班时,应按班末设备保养要求,清理切屑,清理毛毡垫,彻底擦拭设备,导轨、工作台和外露有精度部位涂油保养,最后填写设备运转台时记录。

2. 刨床操作规程

（1）工件必须夹牢在夹具或工作台上,夹装工件的压板不得长出工作台,在机床最大行程内不准站人。刀具不得伸出过长,应装夹牢靠。

（2）校正工件时,严禁用金属物猛敲或用刀架推顶工件。

（3）工件宽度超出单臂刨床加工宽度时,其重心对工作台重心的偏移量不应大于工作台宽度的1/4。

（4）刨床的床面或工件伸出过长时,应设防护栏杆,在栏杆内禁止通过行人或堆码物品。

（5）刨床在刨削大工件前,应先检查工件与龙门柱、刀架间的预留空隙,并检查工件高度限位器安装是否安装正确牢固。

（6）作用于牛头刨床手柄上的力,在工作台水平移动时,不应超过 8kg,上下移动时,不应超过 10kg。

3. 磨床操作规程

（1）合理操作磨床,不损害磨床部件、机械结构。

（2）工作前后须清理机床,检查磨床部件、机械结构、液压系统、冷却系统是否正常,并及时修理排除磨床故障。

（3）在工作台上调整头架、尾座位置时,需擦净其连接面,并涂润滑油后移动头架或尾座。保护工作台、头架、尾座连接间的机床精度。

（4）人工润滑的部位应按说明书规定的油类加注润滑油,并保证一定的油面高度。

（5）定期冲洗冷却系统,合理更换切削液。处理废切削液应符合环保要求。

（6）高速滚动轴承的温升应低于 60℃。

（7）不同精度等级和参数的磨床与加工工件的精度和尺寸参数相对应,以保护机床精度。

（8）磨床敞开的滑动面和机械机构须涂油防锈。

（9）不碰撞或拉毛机床工作面。

复习思考题

1. 填空题

(1) X6132 型万能升降台铣床中,X 表示_____,61 表示_____,32 表示_____。

(2) 机床按通用程度分_____、_____和_____。

(3) 机床的运动分为_____和_____,其中表面成形运动又分为_____和_____。

(4) 所有机床都必须通过_____和_____之间的相对运动来形成一定形状、尺寸和质量的表面。

(5) 按照机床的加工方法,所用刀具及其用途进行分类,可分为车床、钻床、镗床、磨床、_____、_____、铣床、_____、_____、_____、_____、锯床和其他机床。

(6) 牛头刨床的主参数是指_____,其表示法为主参数的_____。

(7) 牛头刨床的曲柄摇杆的主要作用是把电动机的_____运动转变为滑枕的_____运动,该机构具有_____特性。

2. 单项选择题

(1) 为保证铣削台阶,直角沟槽的加工精度,必须校正工作台的"零位",也就是校正工作台纵向进给方向与主轴线的(　　)。

    A. 平行度　　　　　B. 对称度　　　　　C. 平面度　　　　　D. 垂直度

(2) 外圆磨床中,主运动是(　　)。

    A. 砂轮的平动　　　B. 工件的转动　　　C. 砂轮的转动

(3) 磨床属于(　　)加工机床。

    A. 一般　　　　　　B. 粗　　　　　　　C. 精

(4) 铭牌上标有 M1432A 的机床是(　　)。

    A. 刨床　　　　　　B. 铣床　　　　　　C. 车床　　　　　　D. 磨床

(5) 在金属切削机床加工中,下述哪一种运动是主运动(　　)。

    A. 铣削时工件的移动　　　　　　　　B. 钻削时钻头直线运动

    C. 磨削时砂轮的旋转运动　　　　　　D. 牛头刨床工作台的水平移动

(6) 下列不属于机床执行件的是(　　)。

    A. 主轴　　　　　　B. 刀架　　　　　　C. 步进电机　　　　D. 工作台

(7) 牛头刨床工件进给量大小的调整,是通过改变(　　)。

    A. 滑枕行程长短　　B. 曲柄转角大小　　C. 棘轮齿数多少

(8) 牛头刨床刀架上抬刀板的作用是(　　)。

    A. 安装刨刀方便　　　　　　　　　　B. 便于刀架旋转

    C. 减少刨刀回程时与工件的摩擦

3. 简答题

(1) 操作铣床时应注意哪些安全规则?

(2) 如何防止磨削时的振动?

第8章

CHAPTER 8

钳 工

问题导入

图 8-1 所示的法兰盘,其边缘均匀分布的通孔是如何做出来的? 用到了哪些加工工艺? 这就是本章所要学习的钳工基础知识。当然,钳工要解决的机械加工问题要远远多于加工法兰盘上均匀分布的那些通孔。

图 8-1 法兰盘

8.1 概 述

1. 钳工的定义

以手工操作为主,利用手动工具和手工工具进行切削加工、产品组装、设备修理的工种称为钳工。

2. 钳工的分类

根据加工的范围,将进行切削加工的定为普通钳工;制作生产模具的定为工具钳工;组装成产品的定为装配钳工;对机械设备进行维护修理定为机修钳工。

钳工的主要内容有:划线、锯削、锉削、孔加工(钻孔、扩孔、锪孔、铰孔)、攻螺纹、套螺纹、錾削、刮削、研磨、装配、调试等操作方法。

3. 钳工的常用设备

1）钳工工作台

钳工工作台简称钳台,用于安装台虎钳,进行钳工操作。钳台一般用硬质木材或钢材做成。工作台要求平稳、结实,台面高度一般为 800～900mm,以装上台虎钳后钳口高度恰好与人手肘齐平为宜,上工位正前方装有防护网起保护作用,如图 8-2 所示。

2）台虎钳

台虎钳是夹持工件的主要工具。錾切、锯割、锉削以及许多其他钳工操作都是在台虎钳上进行的。台虎钳有固定式和回转式两种,回转式台虎钳如图 8-3 所示。台虎钳的规格用钳口的宽度表示,常用规格有 100mm、125mm、150mm 以及 200mm。

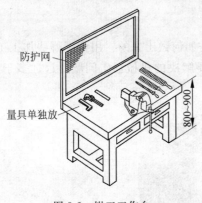

图 8-2　钳工工作台

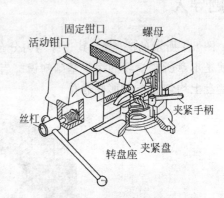

图 8-3　回转式台虎钳

台虎钳的主体由铸铁制成,分固定体和活动体两大部分。台虎钳钳口的张开或合拢,是通过活动体中螺杆与固定体中螺母的旋进旋出实现的。台虎钳底座用螺栓紧固在钳台上。对于回转式台虎钳,依靠台虎钳底座两边锁紧螺钉的紧合实现台虎钳的适当旋转。

台虎钳使用注意事项:

（1）工件应夹持在台虎钳钳口的中部,保证钳口受力均匀。图 8-4(a)是正确的工件夹持方法,图 8-4(b)是不正确的工件夹持方法。

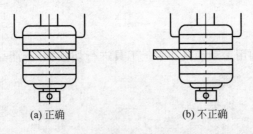

(a) 正确　　　　　　　　(b) 不正确

图 8-4　台虎钳夹持工件的方法

（2）台虎钳夹持工件的力,只能尽双手的力扳紧手柄,不能在手柄上加套管子或用锤敲击,以免损坏台虎钳内螺杆或螺母上的螺纹。图 8-5(a)是正确的旋紧方法,图 8-5(b)是的不正确的旋紧方法。

（3）长工件只可锉夹紧的部分,锉其余部分时,必须移动重夹。

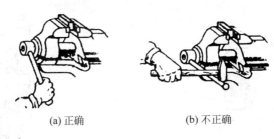

(a) 正确　　　　　　　(b) 不正确

图 8-5 台虎钳旋紧操作

（4）夹持槽铁时，槽底必须夹到钳口上，为了避免变形应用螺钉和螺母撑紧。

（5）用垫木夹持槽铁最合理，如不用辅助件夹持就可能会变形。

（6）夹持圆棒料时，用 V 形槽垫铁是合理的夹持方法。

（7）夹持铁管时，应用一对 V 形槽垫铁夹持。否则管子就可能会夹扁变形，尤其是薄壁管更容易夹扁变形。

（8）夹持工件的光洁表面时，应垫铜皮加以保护。

（9）锤击工件可以在砧面上进行，但锤击力不能太大，否则会使台虎钳受到损害。

（10）台虎钳内的螺杆、螺母及滑动面应经常加油润滑。

3）砂轮机

砂轮机是用来刃磨各种刀具、工具的常用设备。其主要组成有：接头法兰、工作台、砂轮、火花挡板、防护罩、电动机、固定法兰、盖子等，如图 8-6 所示。

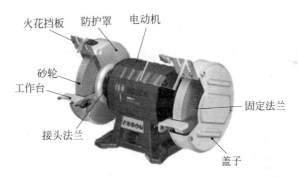

图 8-6 砂轮机

4）钻床

钻床是用于孔加工的一种机械设备，它的规格用可加工孔的最大直径表示。

（1）台式钻床（Z4012）：适用于加工中、小型零件上直径在 13mm 以下的小孔，如图 8-7 所示。

（2）立式钻床（Z525）：立式钻床简称立钻，它是一种中型钻床，最大钻孔直径有 25mm、35mm、40mm 和 50mm 等几种规格，如图 8-8 所示。立钻主要由主轴、主轴变速箱、进给箱、立柱、工作台和机座等组成。进给箱和工作台可沿立柱导轨调整上下位置，以适应加工不同高度的工件。立钻适合于单件小批生产中加工中小型工件。与台钻不同，立钻的主轴转速和进给量变化范围大，可自动进给，且适于扩孔、锪孔、铰孔和螺纹等加工。

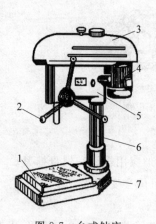

图 8-7　台式钻床

1—工作台；2—进给手柄；3—带罩；4—电动机；

5—主轴架；6—立柱；7—机座

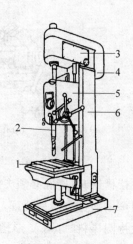

图 8-8　立式钻床

1—工作台；2—主轴；3—主轴变速箱；4—电动机；

5—进给箱；6—立柱；7—机座

（3）摇臂钻床（Z3040）：摇臂钻床有一个能绕立柱回转的摇臂，摇臂带着主轴箱可沿立柱垂直移动，同时主轴箱还能在摇臂上作横向移动。由于摇臂钻床结构上的这些特点，操作时能很方便地调整刀具的位置，以对准被加工孔的中心，而不需移动工件来进行加工，如图 8-9 所示。因此，适用于一些笨重的大工件以及多孔的工件的加工，它广泛地应用于单件和成批生产中。

5）手电钻

手电钻常用于不便使用钻床钻孔且钻孔直径小于 12mm 的场合。手电钻的电源有单相（220V、36V）和三相（380V）两种。根据用电安全条例，手电钻额定电压只允许 36V，如图 8-10 所示。

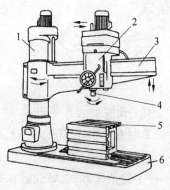

图 8-9　摇臂钻床

1—主柱；2—主轴箱；3—摇臂；

4—主轴；5—工作台；6—机座

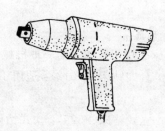

图 8-10　手电钻

8.2 基本操作

8.2.1 划线

划线是根据图纸要求,在毛坯或半成品上划出加工界线的一种操作。划线是作为加工工件或安装工件的依据。

单件小批量生产中,通过划线来检查毛坯的形状和尺寸,并合理分配各加工表面的余量。对一些局部误差小的毛坯件,可以通过划线借正补救。无法借正补救的毛坯件,也可以通过划线及时发现,以免浪费以后的加工工时。

划线分为平面划线和立体划线。平面划线是在一个平面上划线,如图 8-11 所示。立体划线是在工件的几个表面上划线,即在长、宽、高三个方向上划线,如图 8-12 所示。划线精度较低:用划针划线的精度为 0.25～0.5mm;用高度尺划线的精度为 0.1mm 左右。故在加工过程中仍需用量具来控制零件的最终尺寸。

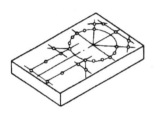

图 8-11　平面划线

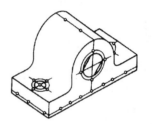

图 8-12　立体划线

1. 划线工具及其用途

1) 划线平台

划线平台是由划线平板及支承平板的支架组成。划线平板由铸铁制成,是划线的基准工具,如图 8-13 所示。划线平板的上平面是划线用的基准平面,即是安放工件和划针盘移动的基准面,因此要求上表面非常平直和光整,一般经过精刨、刮削等精加工而成。

(a) 划线平板基准面

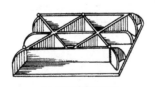

(b) 划线平板背面

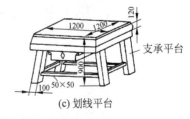

(c) 划线平台

图 8-13　划线平板

为保证划线质量,划线平台安装要牢固,以便稳定地支承工件。划线平台在使用过程中要保持清洁,防止受外力碰撞或用锤敲击,防止铁屑、灰砂等划伤台面。使用平台划线时,可在其表面涂布一些滑石粉,以减少划线工具的移动阻力。使用完后,应将台面擦干净,并涂上防锈漆。长期不用时,除涂油防锈外,还需用木板护盖。

2）划针

划针是用来直接在工件上划出加工线的工具。采用工具钢或弹簧钢经锻制、淬火磨尖而成。划针有直划针和弯头划针两种，如图 8-14 所示。工件上某些部位用直划针划不到的地方，就需要用弯头划针进行划线。

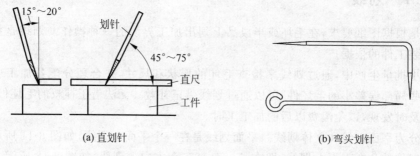

(a) 直划针　　　　　　　　　　　　　　　(b) 弯头划针

图 8-14　划针的种类

划线时，划针要沿着钢尺、角尺或划线样板等导向工具移动，同时向外倾斜 15°～20°，向移动方向倾斜 45°～75°，如图 8-14(a) 所示。

3）千斤顶

千斤顶在划线平板上用于支承毛坯或不规则工件进行立体划线用的，由于其高度可以调节，所以便于找正工件的水平位置。使用时，通常用三个千斤顶来支承工件。千斤顶的结构如图 8-15 所示。

4）V 形铁

V 形铁用于支承圆柱形工件，能使轴线平行于划线平板的上平面，便于用划针盘找中心、划中心线，如图 8-16 和图 8-17 所示。V 形铁用铸铁制成，相邻各侧面互相垂直。V 形铁一般成对加工，以保证尺寸相同，便于使用。

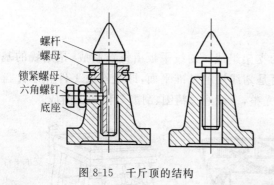

图 8-15　千斤顶的结构　　　　　　　　　图 8-16　圆形截面找中心

5）划规

俗称圆规，主要类型有普通划规、带锁紧装置的划规、弹簧划规、大尺寸划规等。主要用于划圆或划弧，等分线段或角度以及把直尺上的尺寸移到工件上，如图 8-18 所示。

使用划规应注意的事项：划规两脚长短应一致，脚尖要紧密贴合，以便划出较小的圆；在钢尺上量取尺寸，应重复几次，以免产生度量误差；划圆时，应使压力施加在作为旋转中心的那一脚上。

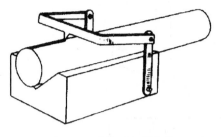

图 8-17 圆柱面上划直线

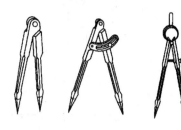

图 8-18 划规

6）样冲

样冲用来在工件所划的线条的交叉点上打出小而均匀的样冲眼,以便于在所划的线模糊后,仍能找到原线及交点位置。划圆前与钻孔前,应在中心部位上打上中心样冲眼,如图 8-19 和图 8-20 所示。

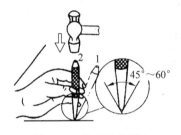

图 8-19 样冲及其用法

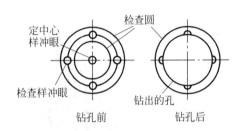

图 8-20 钻孔前的划线和打样冲眼

7）量具

划线常用的量具有直角尺、钢直尺、高度尺和高度游标卡尺等,如图 8-21 所示。

直角尺是测量直角的量具。直角尺用中碳钢经精磨或刮研后制成,两条边成准确的 90°。它除了可以作垂直度检验外,还可以作为划平行线、垂直线的导向工具及校正工件在平板上的准确位置,如图 8-22 所示。

钢直尺用于度量被测工件尺寸,使用时应注意刻度的读数。钢直尺按其长度可分为 150mm、300mm、500mm 和 1 000mm 四种规格,供不同测量范围选用。钢直尺用不锈钢材料制成,钢直尺的尺面上刻有公制和英制刻度线,可以直接测量读出工件的实际尺寸。而英制尺寸换算为公制尺寸时,只要将该英寸数乘以 25.4mm 即可。由于钢直尺本身的刻线误差及测量误差,所以用钢直尺测量工件尺寸读数误差较大,当尺寸精度要求较高时不能采用。

高度尺是配合划针盘量取高度尺寸的量具,它由底座和钢直尺组成。钢直尺垂直固定在底座上,以保证所量取的尺寸准确。

高度游标卡尺是高度尺和划针盘的组合,是一种较精密测量工具,精度可达 0.02mm,适用于半成品（光坯）的划线,不允许用它来划毛坯线。使用时,要防止撞坏硬质合金划线脚。

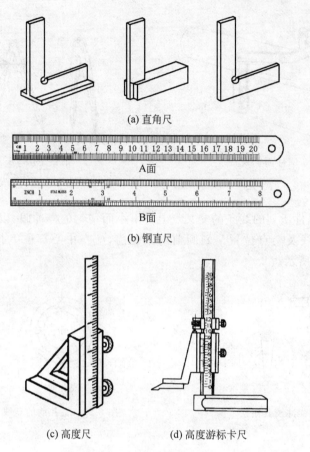

(a) 直角尺

A面

B面

(b) 钢直尺

(c) 高度尺　　　(d) 高度游标卡尺

图 8-21　划线常用量具

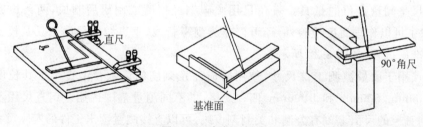

图 8-22　直角尺划线

8.2.2　锯削

锯削是锯切工具旋转或往复运动,把工件、半成品切断或把板材加工成所需形状的切削加工方法。锯削的操作就是用手锯锯断工件或在工件上锯出沟、槽等。

手锯结构简单,使用方便,操作灵活,钳工工作中使用广泛。但手锯锯削的精度低,工件需进一步加工。

1. 锯弓及锯条

手锯由锯弓和锯条两部分组成。

1）锯弓

锯弓是用来安装和张紧锯条的,有固定式和可调节式两种。固定式锯弓只能安装一种规格长度的锯条。可调节式锯弓通过调节可以安装几种不同规格长度的锯条。锯弓两端各有一个夹头,将夹头上的销子插入锯条孔后,旋紧蝶形螺母就可把锯条拉紧,如图 8-23 所示。

(a) 固定式　　　　　　　　　　(b) 可调节式

图 8-23　锯弓

2）锯条

锯条长度是以两端安装孔的中心距表示,常用的为 300mm,如图 8-24 所示。

(1) 锯齿的角度

锯条中的切削部分是由锯齿组成的,锯齿就像一排具有同样形状的錾子。为了使锯削有较高的工作效率,必须使切削部分具有足够的容屑空间,所以将锯齿的后角设计制造得较大。同时为了保证锯齿具有一定的强度,其楔角也不宜太小。综合以上要求,锯条的锯齿角度是:后角 40°、楔角 50°、前角 0°。

(2) 锯路

在制造锯条时,全部锯齿不按照直线排列,而是按一定的规则左右错开,排列成一定的形状,称为锯路,如图 8-25 所示。锯条锯齿错开排列,可使工件上被锯出的锯缝宽度大于锯条的厚度。这样,在锯削时锯条不会被卡死,同时锯条与锯缝的摩擦阻力也较小,工作比较顺利,也可以避免锯条过热而加快磨损。锯路有交叉形和波浪形等形状。

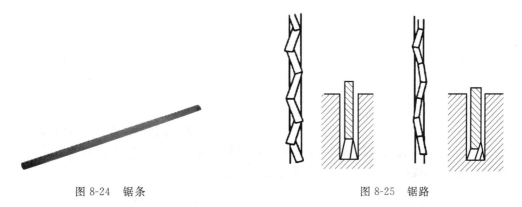

图 8-24　锯条　　　　　　　　　　　　图 8-25　锯路

(3) 锯齿粗细

锯齿的粗细是以锯条每 25mm 长度内的齿数来表示,有 14 齿、18 齿、24 齿和 32 齿等几种。齿数越多则表示锯齿越细。粗齿锯条的容屑槽较大,在锯削时每推锯一次所锯下的切屑较多,容屑槽大可防止产生堵塞,适用于锯软材料和较大的表面。

细齿锯条适用于锯硬材料,因硬材料不易锯入。在锯削管子或薄板时必须用细齿锯条,否则锯齿很容易被钩住,甚至发生折断。细齿锯条每锯一次的切屑较少,不容易堵塞容屑槽。锯齿增多后,可使每齿的锯削量减少,材料容易被切除。

手锯是在向前推进时进行切削的。因此,锯条安装时要保证锯齿的方向正确。如果装反了,则锯齿前角变为负值,使切削过程变得困难,不能进行正常的锯削。

　　锯条在安装时松紧要适当,安装太紧使锯条受力过大,在锯削中稍有卡阻而受到弯折时,就容易发生崩断;安装太松则锯削时锯条容易扭曲,也很可能发生折断,而且锯缝也容易发生歪斜。安装好的锯条应使锯条与锯弓保持在同一中心平面内,对于保证锯缝的正直和防止锯条的折断都有很大的好处。各种锯削形式如图 8-26 所示。

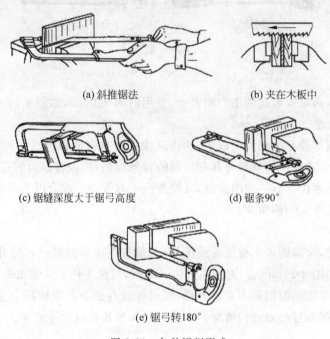

　　　　(a) 斜推锯法　　　　　　　　　　(b) 夹在木板中

　　(c) 锯缝深度大于锯弓高度　　　　　　(d) 锯条90°

　　　　　　　　　(e) 锯弓转180°

图 8-26　各种锯削形式

2. 锯削方法

1) 锯姿

锯姿对正确掌握锯削、控制锯路起到关键作用。

弓箭步,重心向下。以右手为工作手,左脚在前,左脚掌向前,右脚在后,两脚距离为50～60cm,右手握住锯弓手柄,左手放在锯弓前部控制锯路方向。在锯削过程中随着锯弓由前向后运动身体的重心由后到前,锯削姿势如图 8-27 所示。

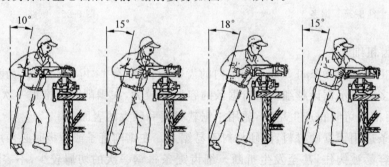

图 8-27　锯削姿势

2）操作方法

（1）起锯

起锯的好坏能直接影响以后锯削的质量。起锯分为远起锯和近起锯两种,如图 8-28 所示。

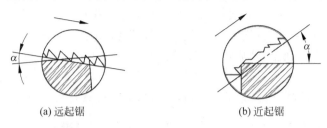

(a) 远起锯   (b) 近起锯

图 8-28　起锯方法

采用远起锯时,锯齿逐渐切入材料,锯齿不易被卡住,起锯比较方便。如果用近起锯,锯齿由于突然切入较深,容易被工件棱边卡住甚至被崩断。但无论采用哪一种起锯法,起锯角都要小,否则起锯不平稳。但当起锯角过小时,由于锯条与工件同时接触的齿数较多,反而不易切入材料,使起锯次数增多,锯缝就容易发生偏离,造成表面被锯出多道锯痕而影响锯削质量。为了使起锯准确可用左手拇指挡住锯条,使锯条保持在正确的位置上起锯,如图 8-29 所示。起锯时速度要慢,不能太快;往复的行程要短,不能太长;施加的压力要小,不能太大。

图 8-29　用大拇指挡住锯条起锯

（2）锯弓的运动

锯削时,锯弓前进的运动可采用直线运动和弧线运动两种方式。直线运动是两手均匀用力,向前推动锯弓;弧线运动是在前进时右手下压而左手上提,操作比较自然,可减轻疲劳。一般锯缝底面要求平直的槽子和薄壁工件适用直线运动方式,而锯断材料时大都采用弧线运动方式。两种方式在回程中都不能对手锯施以压力,避免加快锯齿的磨损。

（3）锯削速度

锯削时速度应以每分钟 20～40 次为宜。对于软材料可以快些,对于硬材料就应该慢些。如果速度过快,将引起锯条发热严重,容易磨损,在锯削过程中必要时可加水、乳化液或机油进行冷却润滑,来减轻锯条的发热磨损。如果速度过慢,则工作效率太低,且不容易把材料锯掉。锯削时要尽量使锯条的全长都利用到,若仅仅集中于局部长度,使用寿命将相应缩短。因此,一般锯削的行程应不小于锯条全长的 2/3。

8.2.3　锉削

锉削是用锉刀把工件表面一层金属锉掉的加工方法。通常在錾、锯削之后的加工,以及在零件、部件、机器装配时修整。

1. 锉削方法

锉削时工件装夹的正确与否,将直接影响到锉削的质量。因此,在装夹工件时要注意以下几点要求:

（1）工件应夹紧在台虎钳的中间,装夹要紧固,在锉削过程中不能松动,也不能使工件发生变形。

(2) 工件伸出钳口不要太高,以免在锉削时工件产生弹跳,如图 8-30 所示。

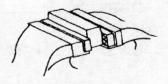

图 8-30　一般工件的夹持

(3) 工件形状不规则时,要加合适的衬垫后再夹紧。夹持圆柱形工件应用三角槽垫铁,如图 8-31(a)所示。夹持薄板形工件应先用钉子固定在木块上,然后再夹紧木块,如图 8-31(b)、图 8-31(c)所示。

(4) 装夹精加工面时,钳口应衬以软钳口(铜或其他较软材料),以防表面损坏。

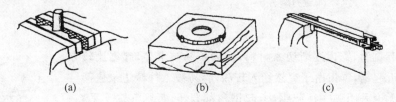

(a)　　　　　　　　(b)　　　　　　　　(c)

图 8-31　圆柱形及薄板形工件的夹持

2. 平面锉削

(1) 交叉锉法:锉刀推进方向与工件表面纵向中心线相交一角度($50° \sim 60°$),两个方向交叉进行,如图 8-32 所示。锉刀与工件的接触面大,锉刀容易掌握平稳,并且从交叉锉纹中能判断出锉削面高低不平的情况。交叉锉法容易锉得平整,但锉削表面质量不高,一般仅用于粗锉。为了使刀痕变得平直,平面锉削完成前应改为顺向锉。

(a) 交叉锉　　　　　　(b) 顺向锉　　　　　　(c) 推锉

图 8-32　锉削方法

(2) 顺向锉法:这种方法在平面已基本锉平后采用,如图 8-32(b)所示。顺向锉法的锉纹整齐一致,起锉光的作用,当平面不大时直接用顺向锉法锉平。

(3) 推锉法:推锉法是将锉刀横放,双手握住锉刀并保持平衡,顺着工件推锉刀进行锉削,如图 8-32(c)所示。推锉法能获得平整的加工面和较小的表面粗糙度,但只能对狭长的工件进行修整,并且要加工的余量也较小。在锉刀表面涂上粉笔或将砂布垫在锉刀下面进行推锉,可以获得更小的表面粗糙度。较大的平面在锉削时,往往容易锉成中间微凸,四周稍低的形状。此时,应减小锉刀的行程和锉削速度,还可以利用锉刀中间稍凸的一面进行锉削,从而取得较好的效果。

(4) 平面度的检查方法:平面锉削后常要检验工件平面度误差,一般用刀口形直尺以透光法检验,如图 8-33 所示。检验时,将刀口形直尺垂直紧靠在工件表面上,并在纵向、横向和对角方向逐次检查,以判定整个加工面的平面度误差。如果刀口形直尺与工件平面间透光微弱而均匀,说明该平面平直;如果透光强弱不一,则说明该平面凹凸不平,其中光线强处比较低,光线弱处比较高。刀口形直尺在更换位置时,应先提起,然后再轻放到另一个位置,而不能在面上拖动,否则直尺的边缘容易磨损而降低测量精度。

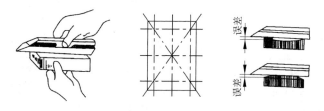

图 8-33 用刀口尺检验平面度

8.3 实训项目

1．训练图样

训练图样如图 8-34 所示。

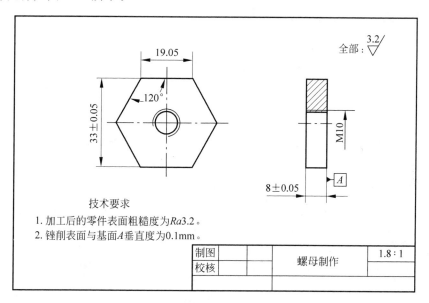

技术要求

1. 加工后的零件表面粗糙度为 Ra3.2。
2. 锉削表面与基面 A 垂直度为 0.1mm。

制图		螺母制作	1.8:1
校核			

图 8-34 螺母制作图样

2．材料准备

材料:45 钢,厚度 5mm、宽度 50mm 的板料。

3．注意事项

(1) 在钻 M10 螺纹底孔时,必须先熟悉机床的使用、调整方法,然后再进行加工,并注意安全操作。

(2) 起攻时,要从两个方向进行垂直度的及时修正,以保证攻螺纹的质量。

(3) 起攻的正确性及攻螺纹时能控制两手用力均匀并掌握最大用力限度,是攻螺纹的基本功之一,必须掌握。

(4) 在练习中要注意攻螺纹中出现的问题和产生的原因,尽量避免发生。

4．评分考核(表 8-1)

表 8-1　评分标准

考核项目	考核内容及要求	分值	评 分 标 准	检测结果	扣分	得分	备注
加工螺母	尺寸(33±0.05)mm (3 处)	24	每处 8 分,误差 0.05～0.1mm 内扣 2 分,误差超过 0.1mm 不得分				
	尺寸(8±0.05)mm	6	误差在 0.05～0.1mm 内扣 2 分,误差超过 0.1mm 不得分				
	角度 120° (6 处)	24	酌情扣分				
	尺寸(19.05±0.1)mm (6 处)	24	每处 4 分,误差 0.1～0.15mm 内扣 2 分,误差超过 0.15mm 不得分				
	M10 内螺纹	6	酌情扣分				
	工艺合理	6	酌情扣分				
	安全文明生产	10	酌情扣分				

8.4　安全操作规程

1．总则

(1) 学生进行钳工实训前必须学习安全操作制度,并以适当方式进行必要的安全考核。

(2) 进入车间实训必须穿戴好学校规定的劳保服装、工作鞋、工作帽等,长发学生必须将头发放进工作帽中,不准穿拖鞋、短裤或裙子进入车间。

(3) 操作时必须思想集中,不准与别人闲谈。

(4) 车间内不得阅读书刊和玩手机,不准吃零食。

(5) 不准在车间内追逐、打闹、喧哗。

(6) 注意文明生产,下班时应收拾清理好工具、设备,打扫工作场地,保持工作环境整洁卫生。

2．操作规程

(1) 学生除在指定的设备上进行操作外,其他一切设备、工具未经同意不准擅自动用。

(2) 设备使用前要检查,发现损坏或其他故障时应停止使用并报告老师。

(3) 使用电器设备时,必须严格遵守操作规程,防止触电。

(4) 錾削时要注意安全,挥锤时注意身后,以防伤人。

(5) 要用刷子清理铁屑,不准用手直接清除,更不准用嘴吹,以免伤手指和屑末飞入眼睛。

(6) 文明实习,工作场地要保持整洁,使用的工具、工件毛坯和原材料应堆放整齐。

3．钻孔操作规程

(1) 操作钻床时不准戴手套,袖口要扎紧。

（2）钻孔前要根据所需要的钻削速度调节好钻床的速度，调节时必须切断钻床的电源。

（3）工件必须夹紧，孔将钻穿时要减小进给力。

（4）开动钻床前，应检查是否有钻夹头钥匙斜插在转轴上，工作台面上不能放置刀具、量具和其他工件等杂物。

（5）不能用手或嘴吹来清除切屑，要用毛刷或铁钩清除。

（6）停车时应让主轴自然停止，严禁用手捏刹钻头。

（7）严禁在开车状态下装拆工件或清洁钻床。

复习思考题

1. 填空题

（1）常用的千分尺有外径千分尺、内径千分尺和_____千分尺。

（2）千分尺的测量精度一般为_____mm。

（3）钻孔时，钻头的旋转是_____运动，轴向移动是_____运动。

（4）锉刀分_____锉、_____锉和_____锉三类。

（5）麻花钻一般用_____钢制成，淬硬至 HRC _____。

（6）重复定位对工件的_____精度有影响，一般是不允许的。

2. 选择题（单选题）

（1）游标卡尺是一种（   ）的量具。

    A. 中等精度   B. 精密   C. 较低   D. 较高精度

（2）划线时，应使划线基准与（   ）一致。

    A. 中心线   B. 划线基准   C. 设计基准

（3）锯条反装后，其楔角（   ）。

    A. 大小不变   B. 大小变大   C. 大小变小

（4）锯削管子和薄板料时，应选择（   ）锯条。

    A. 细齿   B. 粗齿

（5）钻孔时，其（   ）由钻头直径决定。

    A. 切削速度   B. 切削深度   C. 进给量   D. 转速

（6）钻孔时加切削液的主要目的是（   ）。

    A. 润滑作用   B. 冷却作用   C. 冲洗作用

（7）磨削的工件硬度高时，应选择（   ）的砂轮。

    A. 较软   B. 较硬   C. 任意硬度

3. 简述题

（1）钳工划线钻孔流程是什么？

（2）钳工刀具材料应具备哪些性能？

第9章

CHAPTER 9

先进制造技术

问题导入

图 9-1 所示的法兰盘零件较为复杂，用车工、钳工等常规方法较难加工。对于这些较为复杂的零件，可以用其他什么方法进行加工呢？

其实，很多零件除了可以用常规方法进行加工外，还可以用许多先进加工方法进行加工，如数控加工及特种加工等。

图 9-1　法兰盘零件

9.1　概　　述

随着科技的进步和生活水平的提高，人们追求产品的品位也越来越高，传统的机械加工已不能满足特殊个性化产品的加工要求。在现代机械制造中，为了使加工的产品达到形状精度要求、提高生产效率、降低生产成本，使得先进制造技术得到不断发展，尤其体现在航空、造船、国防、汽车模具及计算机工业中。

数控机床是典型的机电一体化产品，是集现代机械制造技术、自动控制技术、检测技术、计算机信息技术于一体的高效率、高精度、高柔性和高自动化的现代机械加工设备。而特种加工技术对加工制造业来说更是显得日益重要。特种加工突破材料本身力学性能以及零件加工典型工艺路线的束缚，有着自己独特的优势，解决了其他加工制造技术解决不了的难题，已经成为加工制造业不可分割的重要加工方法。

9.2　数　控　加　工

9.2.1　基本知识

1. 数控机床的组成

数控机床通常是由程序载体、CNC 装置、伺服系统、检测与反馈装置、辅助装置、机床本体组成，如图 9-2 所示。

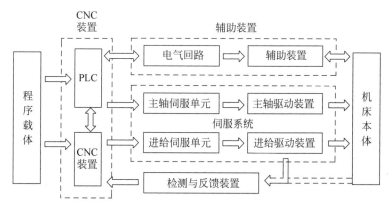

图 9-2　数控机床的组成框图

2. 数控机床的分类

目前,数控机床品种齐全,规格繁多,为了便于了解和研究,可从不同角度和按照多种原则进行分类。

1) 按工艺用途分类

(1) 切削加工类数控机床:主要有数控车床、数控铣床、数控钻床、数控镗床、数控平面磨床和加工中心等。

(2) 成形加工类数控机床:主要有数控折弯机、数控弯管机、数控冲床、数控转头压力机等。

(3) 特种加工类数控机床:主要有数控电火花线切割机床、数控电火花成形机床、数控激光切割机床、数控激光热处理机床、数控激光板料成形机床、数控等离子切割机等。

2) 按机床运动轨迹分类

按机床运动轨迹分类,主要有点位控制数控机床、直线控制数控机床、轮廓控制数控机床等。

3) 按伺服系统控制方式分类

按伺服系统控制方式分类,主要有开环控制数控机床、闭环控制数控机床、半闭环控制数控机床等。

3. 数控机床的工作过程

数控机床的工作过程如图 9-3 所示。

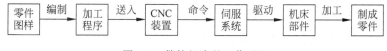

图 9-3　数控机床的工作过程

(1) 零件图样是加工的原始资料,它记载着加工工件的材料信息、几何信息和工艺信息,这些信息是编制数控加工程序的依据。

(2) 根据零件图样编写数控加工程序。

(3) 把数控程序输入到数控装置中。数控程序经过数控装置处理后,变成伺服系统能够接受的控制电信号。

(4) 伺服系统由伺服电路和伺服驱动元件组成。

(5) 驱动机床,加工工件。

(6) 完成零件加工。

9.2.2　数控车削基础

数控车床基本操作:

(1) 开机、关机与返回参考点操作,包括开机、关机、回零等步骤。

(2) 手动控制与 MDI 操作,包括 JOG(手动)方式、增量进给方式、手轮方式、主轴操作、冷却液操作、手动操作、MDI 操作等。

(3) 程序输入与校验操作。

(4) 对刀操作。对刀是数控车削加工前的一项重要工作,它关系到被加工零件的加工精度,因此它也是加工成败的关键因素之一。

(5) 自动运行操作。

9.2.3　数控铣削基础

1. 数控铣床基本操作

(1) 开机、手动操作、自动运行操作、程序的输入编辑等步骤。

(2) 刀具补偿、对刀、工件坐标系设置、程序模拟检测与试运行操作、自动运行操作等步骤。

2. 数控铣削加工实例

如图 9-4 所示的零件,其毛坯为 100mm×80mm×30mm 的方形坯料,材料为 45 钢,且底面和 4 个轮廓面均已加工好,要求在数控铣床上加工型腔,编写其数控加工程序。

1) 确定零件的定位基准

选定零件坯料底面为定位基准。

2) 确定装夹方案

采用平口虎钳夹持。

3) 确定加工顺序和进给路线

根据铣削加工特点,加工顺序按行切法、顺铣、由上到下层进行的原则确定。

4) 刀具选择

选用 $\phi 10mm$ 的立铣刀粗铣、精铣型腔。

5) 数值计算

(1) 计算步距。

(2) 设置刀具补偿值,精加工余量在编程时无须考虑,只需在刀具半径补偿值中增加一个精加工余量即可。

(3) 走刀路线设计,如图 9-5 所示。

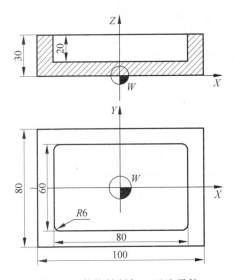

图 9-4　数控铣削加工型腔零件

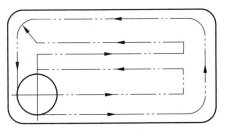

图 9-5　走刀路线设计

6）切削用量选择

（1）背吃刀量的选择：铣削轮廓选 $a_p = 5$mm。

（2）主轴转速的选择：铣外圆和圆弧时为 1 000r/min。

7）切削液的选择

采用乳化液冷却。

8）确定工件坐标系、对刀点和换刀点

根据基准重合原则，确定以工件底面几何中心为工件原点。采用手动试切对刀方法把 O 点作为对刀点。

9）确定工艺方案

（1）粗铣型腔侧面和精铣底面。

（2）精铣型腔侧面（精加工余量 0.75mm）。

10）加工程序（略）

9.2.4　加工中心

1. 加工中心基本知识

加工中心与数控铣床的区别主要在于加工中心有刀库和自动换刀装置。其基本操作与数控铣床类似。

2. 加工中心加工实例

如图 9-6 所示的零件，其毛坯为 90mm×70mm×20mm 的方形坯料，材料为 45 钢棒料，且底面和四个轮廓面均已加工好，要求在立式加工中心上加工顶面、$\phi 16$ 的孔和 $\phi 10$ 的孔，编写其数控加工程序。

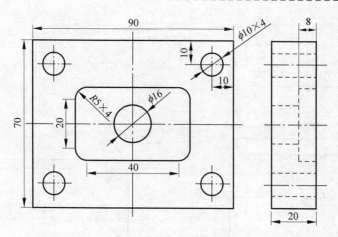

图 9-6 加工中心加工零件

1)确定零件的定位基准

选定零件坯料底面为定位基准。

2)确定装夹方案

采用机用平口钳夹持。

3)确定加工顺序和进给路线

根据铣削加工特点,加工顺序按工件周边先面后孔的原则,先加工型面后加工孔。

4)刀具选择

(1)选用 φ10mm 的立铣刀,1 号刀。

(2)选用 φ15.8mm 的钻头,2 号刀。

(3)选用 φ9.8mm 的钻头,3 号刀。

(4)选用 φ16mm 的铰刀,4 号刀。

(5)选用 φ10mm 的铰刀,5 号刀。

5)切削用量

切削用量选择如表 9-1。

表 9-1 切削用量选择

刀具号	刀具规格	工序内容	v_f/(mm·min^{-1})	n/(mm·min^{-1})
T1	φ10mm 立铣刀	矩形表面	100	800
T2	φ15.8mm 钻头	钻中心孔	40	600
T3	φ9.8mm 钻头	钻中心孔	30	1 000
T4	φ16mm 的铰刀	钻 φ16mm 的孔	40	600
T5	φ10mm 的铰刀	铰 4×φ10mm 的孔	40	800

6)切削液的选择

采用乳化液冷却。

7)确定工件坐标系

确定工件顶面几何中心为工件原点,建立 G54 坐标系。

8)加工程序(略)

9.3　特　种　加　工

作为特种加工技术,其加工过程与传统的机械加工完全不同。它是摆脱了传统的切削加工方法,直接利用电能、热能、化学能及光能等去除金属,获得"以柔克刚"的效果。主要解决了三大问题:各种难切削材料的加工问题;各种特殊复杂表面的加工问题;各种超精、光整或具有特殊要求的零件加工问题。

这里主要介绍电火花线切割、电火花成形加工、激光加工、增材制造等加工技术。

9.3.1　电火花线切割

1. 电火花线切割机床的组成

数控线切割机床外形如图 9-7 所示,其组成包括机床主机、脉冲电源和数控装置三大部分。

图 9-7　数控电火花线切割机床图

(1) 机床主机由运丝机构、工作台、床身、工作液箱等组成。

(2) 脉冲电源又称高频电源,其作用是把普通的 50Hz 交流电转换成高频率的单向脉冲电压。加工时,钼丝接脉冲电源负极,工件接正极。

(3) 数控装置以计算机为核心,配备其他的硬件及控制软件。加工程序可用键盘输入或磁盘输入。通过它可实现放大、缩小等多种功能的加工,其控制精度为 ±0.005mm,加工精度为 ±0.005mm。

2. 数控电火花线切割加工的原理

电火花线切割加工(wire cut EDM,WEDM)是在电火花成形加工基础上发展起来的一种新加工工艺,是用线状电极(铜丝或钼丝)靠火花放电对工件进行切割,故称为电火花线切割,有时简称线切割。

电火花线切割加工的基本原理如图 9-8 所示,是利用移动的细金属丝(钼丝、铜丝等)作为工具电极,对工件进行脉冲火花放电、切割成形。脉冲电源发出连续的高频脉冲电压,加到工件电极和工具电极上,在电极丝与工件之间加有足够的具有一定绝缘性能的工作液。金属丝向工件表面靠近,当钼丝与工件的距离小到一定程度时,在脉冲电压的作用下,金属丝与工件之间的空气或电解液被击穿,形成瞬时电火花放电,产生瞬时高温,使工件表面的金属局部熔化,甚至汽化,加上工作液的冲洗作用,使得金属被蚀除下来,实现切割加工。随着工作台上工件的不断进给,从而实现所需工件轮廓的切割。由于电极丝筒带动电极丝交替作正、反向的高速移动(双向快走丝机床),所以钼丝被腐蚀很慢,使用时间较长。

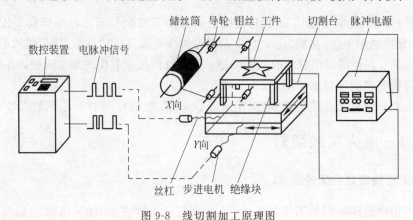

图 9-8　线切割加工原理图

3. 数控电火花线切割加工特点

(1) 可以加工微细异形孔、窄缝和形状复杂的工件。

(2) 电蚀原理加工,工件变形小。

(3) 直接利用电、热加工,易于实现自动化控制。

(4) 电极丝磨损少,加工精度高。

(5) 可实现凹凸模一次加工成形。

4. 数控电火花线切割的应用

1) 加工模具

适用于加工各种形状的冲模、注塑模、挤压模等。调整不同的间隙补偿量,只需一次编程就可以切割凸模、凸模固定板、凹模及卸料板等。

2) 加工电火花成形加工用的电极

一般穿孔加工用的电极以及带锥度型腔加工用的电极,以及铜钨、银钨合金之类的电极材料,用线切割加工特别经济,同时也适用加工微细复杂形状的电极。

3) 新产品试制及难加工零件

(1) 不需另行制造模具,可大大缩短制造周期、降低成本。

(2) 修改设计、变更加工程序比较方便,还可进行微细加工,异形槽和窄缝加工等。

(3) 在零件制造方面,可用于加工品种多、数量少的零件,以及难加工材料的特殊零件、材料试验样件、各种型孔、凸轮、样板、成形刀具。

9.3.2　电火花成形加工

1. 电火花成形加工原理

电火花成形加工又称放电加工(electrical discharge machining,EDM)是一种直接利用电能和热能进行加工的新工艺。在加工的过程中,工具电极与工件并不接触,而是靠工具电极和工件之间不断的脉冲性火花放电,产生局部、瞬间的高温逐步去除多余的材料,达到对零件的尺寸、形状及表面质量预定的加工要求。如图 9-9 所示,由于在放电加工的过程中可见到火花,故称之为电火花加工。

2．电火花成形加工机床的组成及分类

目前常见的电火花穿孔、成形加工机床,它包括主机、电源箱、工作液循环过滤系统三大部分。如图 9-10 所示,电火花成形加工机床主机主要由床身、立柱、主轴头、工作台及润滑系统等组成;电源箱由脉冲电源、自动进给控制系统和其他电气系统组成;工作液循环过滤系统由液压泵、过滤器、控制阀、管道等组成。

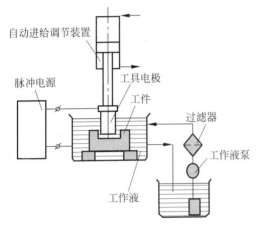

图 9-9　电火花成形加工原理图

图 9-10　电火花成形加工机床结构图

(1) 电火花穿孔、成形加工机床按其大小可分为小型(D7125 以下)、中型(D7125～D7163)和大型(D71631 以上)。

(2) 电火花穿孔、成形加工机床按其数控程度可分为非数控、单轴数控或三轴数控型。

(3) 电火花穿孔、成形加工机床按其精度等级可分为标准精度型和高精度型。

3．电火花成形加工特点

(1) 适合于难切削、导电材料的加工;

(2) 可以加工特殊及复杂形状的零件;

(3) 易于实现加工过程自动化;

(4) 可以改进工件结构设计,改善工件结构的工艺性,提高工件的使用寿命;

(5) 脉冲放电持续时间短,放电时产生的热量扩散范围小,材料受热影响范围小。

4．电火花成形加工局限性

(1) 一般只能加工金属等导电材料,但在特殊的条件下,也可加工半导体等非导体材料;

(2) 加工速度较慢;

（3）加工的过程中，存在电极损耗，影响加工精度；

（4）能加工的最小角部半径有限制，一般等于加工间隙（0.02～0.3mm）；

（5）火花放电必须在具有一定绝缘性能的液体介质中进行。

5. 电火花成形加工的应用

（1）电火花成形加工具有许多传统切削加工所无法替代的优点，目前广泛应用于机械、航空、电子、汽车等行业，解决难加工材料及复杂形状零件的加工问题；

（2）加工范围达到小至几十微米的小孔、小轴、小缝，大到几米的超大型模具和零件。

9.3.3 激光加工

1. 基本原理

激光的亮度高、单色性好、相干性好和方向性好的特点使光能（功率）可以集中在很小的区域内。因此，自第一台激光器诞生以后，人们就开始探索激光在加工领域中的应用。20世纪70年代初期，大功率激光就开始用于工业生产。随着大功率激光器与各种激光技术的发展，激光与材料相互作用研究的深入，激光加工已经成为加工领域中的一种常用技术。激光加工作为一种非接触、无污染、低噪声、节省材料的绿色加工技术还具有信息时代的特点，便于实现智能控制，实现加工技术的高度柔性化和模块化，实现各种先进加工技术的集成。因此，激光加工已经成为21世纪先进制造技术不可缺少的一部分。

激光加工指的是激光束作用于物体表面而引起的物体变形或改性的加工过程。所以，激光加工的核心就是产生激光的大功率激光器。激光器按照激活介质种类可分为：固体激光器和气体激光器。常用的固体激光器有红宝石激光器、钕玻璃激光器、掺钕钇铝石榴石激光器（yttrium aluminum garnet，YAG）。按照光与物质作用的机理，可分为激光热加工与激光光化学反应加工。激光热加工是基于激光束介入物体所引起的快速热效应的各种加工过程。激光光化学反应是借助于高密度高能光子引发或控制光化学反应的各种加工过程。两种加工方法都可对材料进行切割、打孔、刻槽、标记。前者对于金属材料焊接、表面改性、合金化更有利，后者则适用于光化学沉积、激光刻蚀、掺杂和氧化。激光热加工现在已发展得比较成熟。

1）原理

由于激光的发散角小和单色性好，理论上可以聚焦到尺寸与光的波长相近的（微米甚至亚微米）小斑点上，加上它本身强度高，故可以使其焦点处的功率密度达到 $10^8 \sim 10^{11}$ W/cm^2，温度可达 10 000℃ 以上。在这样的高温下，任何材料都将瞬时急剧熔化和汽化，并爆炸性地高速喷射出来，同时产生方向性很强的冲击波。因此，激光加工是工件在光热效应下产生高温熔融和受冲击波抛出的综合过程，如图 9-11 所示。

2）特点

激光加工是将激光束照射到加工物体的表面，用

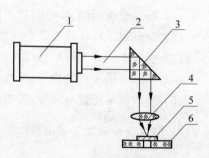

图 9-11 激光加工示意图
1—激光器；2—激光束；3—全反射棱镜；
4—聚焦物镜；5—工件；6—工作台

以去除或熔化材料或改变物体表面性能,从而达到加工的目的。因此,激光加工属于无接触加工,它的主要特点包括:

(1) 激光加工的功率密度高达 $10^8 \sim 10^{11}$ W/cm^2,几乎可以加工任何材料,如各种金属材料、石英、陶瓷、金刚石等。如果是透明材料(如玻璃)也只需采取一些色化和打毛措施,仍可加工。

(2) 加工精度高。激光束易于导向、聚焦和发散,根据加工要求,可以得到不同的光斑尺寸和功率密度。由于激光光斑大小可以聚焦到微米级,输出功率可以调节,因此可以加工微孔和窄缝,适合于精密微细加工。

(3) 加工质量好。激光束照射到物体的表面是局部的,虽然加工部位的热量很大、温度很高,但光束和工件的相对移动速度快,对非照射的部位几乎没有影响。因此,激光加工的热影响区小,加工工件在热处理、切割、焊接后基本无变形。

(4) 激光加工所用的工具是激光束,是非接触加工,加工时没有明显的机械力,没有工具损耗问题,加工速度快,容易实现加工过程自动化。此外,还可以通过透明体进行加工,如对真空管内部进行焊接加工等。

(5) 加工中易产生金属气体及火星等飞溅物,要注意通风透气,操作者应戴防护眼镜。

2. 激光加工的分类

1) 激光打孔

随着近代工业技术的发展,硬度大、熔点高的材料应用越来越多,并且常常要求在这些材料上打出又小又深的孔,如钟表或仪表的宝石轴承、钻石拉丝模具、化学纤维的喷丝头以及火箭或柴油发动机中的燃料喷嘴等。这类加工,用常规的机械加工方法很困难,有的甚至是不可能的,而用激光打孔,则能比较好地完成加工任务。

激光打孔的质量主要与激光器输出功率和照射时间、焦距与发散角、焦点位置、光斑内能量分布、照射次数及工件材料等因素有关。在实际加工中应合理选择这些工艺参数。

2) 激光切割

激光切割技术广泛应用于金属和非金属材料的加工中,可大大减少加工时间,降低加工成本,提高工件质量。激光切割是应用激光聚焦后产生的高功率密度能量来实现的。与传统的板材加工方法相比,激光切割具有高的切割质量、高的切割速度、高的柔性(可随意切割任意形状)、广泛的材料适应性等优点。

激光切割的原理与激光打孔相似,但工件与激光束要相对移动。在实际加工中,引入数控系统,可以实现激光数控切割,如图 9-12 所示。

激光切割大多采用大功率的 CO_2 激光器,对于精细切割,也可采用 YAG 激光器。

激光既可以切割金属,也可以切割非金属。在激光切割过程中,由于激光对被切割材料不产生机械冲击和压力,再加上激光切割切缝小,便于自动控制,故在实际中常用来加工玻璃、陶瓷、各种精密细小的零部件。

激光切割按其机理可分为气化切割、熔化切割、激光氧气切割和控制断裂切割。

3) 激光打标

激光打标是指利用高能量的激光束照射在工件表面,光能瞬时变成热能,使工件表面迅速产生蒸发,从而在工件表面刻出任意所需要的文字和图形,以作为永久的技术参数或防伪标志,如图 9-13 所示。

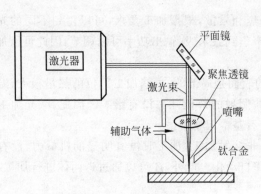

图 9-12　激光切割示意图

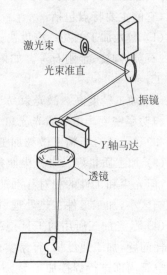

图 9-13　激光打标示意图

激光打标的特点是非接触加工,可在任何异型表面标刻,工件不会变形和产生内应力,适于金属、塑料、玻璃、陶瓷、木材、皮革等各种材料;标记清晰、永久、美观,并能有效防伪;标刻速度快,运行成本低,无污染,可显著提高被标刻产品的档次。

激光打标广泛应用于电子元器件、汽(摩托)车配件、医疗器械、通信器材、计算机外围设备、钟表等产品和烟酒食品防伪等行业。

4)激光焊接

当激光的功率密度为 $10^5 \sim 10^7 \,\mathrm{W/cm^2}$,照射时间为 1/100s 左右时,可进行激光焊接。激光焊接一般无须焊料和焊剂,只需将工件的加工区域"热熔"在一起即可,如图 9-14 所示。

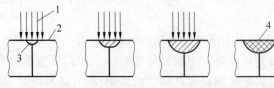

图 9-14　激光焊接示意图

1—激光;2—被焊件;3—被熔化金属;4—已冷却的焊缝

激光焊接速度快,热影响区小,焊接质量高,既可焊接同种材料,也可焊接异种材料,还可透过玻璃进行焊接。

5)激光表面处理

当激光的功率密度为 $10^3 \sim 10^5 \,\mathrm{W/cm^2}$ 时,便可实现对铸铁、中碳钢,甚至低碳钢等材料进行激光表面淬火。淬火层深度一般为 0.7~1.1mm,淬火层硬度比常规淬火约高 20%。激光淬火变形小,还能解决低碳钢的表面淬火强化问题。图 9-15 为激光表面淬火处理应用实例。

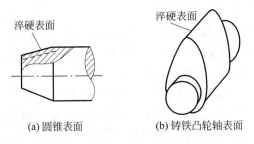

(a) 圆锥表面　　　　(b) 铸铁凸轮轴表面

图 9-15　激光表面处理示意图

9.3.4　增材制造

增材制造技术又称快速成形技术,早期又叫快速原型制造技术(rapid prototyping,RP 或 rapid prototyping manufacturing,RPM)。

快速成形技术是 20 世纪 90 年代发展起来的一项先进制造技术,是为制造业企业新产品开发服务的一项关键共性技术,对促进企业产品创新、缩短新产品开发周期、提高产品竞争力有积极的推动作用。自该技术问世以来,已经在发达国家的制造业中得到了广泛应用,并由此产生一个新兴的技术领域。

1. 基本原理与特点

1) 原理

RP 技术是在现代 CAD/CAM 技术、激光技术、计算机数控技术、精密伺服驱动技术以及新材料技术的基础上集成发展起来的。RP 技术的基本原理是:将计算机内的三维数据模型进行分层切片得到各层截面的轮廓数据,计算机据此信息控制激光器(或喷嘴)有选择性地烧结一层接一层的粉末材料(或固化一层又一层的液态光敏树脂,或切割一层又一层的片状材料,或喷射一层又一层的热熔材料或粘合剂)形成一系列具有一个微小厚度的片状实体,再采用熔结、聚合、粘结等手段使其逐层堆积成一体,便可以制造出所设计的新产品样件、模型或模具。形象地讲,快速成形系统就像是一台立体打印机,如图 9-16 所示。

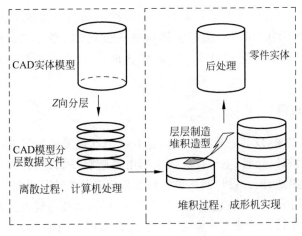

图 9-16　快速成形技术原理

2）特点

（1）自由成形制造：自由成形制造也是快速成形技术的另外一个用语。作为快速成形技术的特点之一的自由成形制造的含义有两个方面：一是指无须使用工模具而制作原型或零件，由此可以大大缩短新产品的试制周期，并节省工模具费用；二是指不受形状复杂程度的限制，能够制作任何形状与结构、不同材料复合的原型或零件。

（2）制造效率快：从 CAD 数模或实体反求获得的数据到制成原型，一般仅需要数小时或十几小时，速度比传统成形加工方法快得多。该技术在新产品开发中改善了设计过程的人机交流，缩短了产品设计与开发周期。

（3）由 CAD 模型直接驱动：无论哪种 RP 制造工艺，其材料都是通过逐点、逐层以添加的方式累积成形的。无论哪种快速成形制造工艺，也都是通过 CAD 数字模型直接或者间接地驱动快速成形设备系统进行制造的。这种通过材料添加来制造原型的加工方式是快速成形技术区别传统的机械加工方式的显著特征。

（4）技术高度集成：当计算机辅助工艺规划（computer aided process planning，CAPP）一直无法实现 CAD 与 CAM 一体化的时候，快速成形技术的出现较好的填补了 CAD 与 CAM 之间的缝隙。新材料、激光应用技术、精密伺候驱动技术、计算机技术以及数控技术等的高度集成，共同支撑了快速成形技术的实现。

（5）经济效益高：快速成形技术制造原型或零件，无须工模具，也与成形或零件的复杂程度无关，与传统的机械加工方法相比，其原型或零件本身制作过程的成本显著降低。此外，由于快速成形在设计可视化、外观评估、装配及功能检验以及快速模具母模的功用，能够显著缩短产品的开发试制周期，也带来了显著的时间效益。也正是因为快速成形技术具有突出的经济效益，才使得该项技术一经出现，便得到了制造业的高度重视和迅速而广泛的应用。

（6）精度不如传统加工；模型分层处理时不可避免的一些数据丢失外加分层制造必然产生台阶误差，堆积成形的相变和凝固过程产生的内应力也会引起翘曲变形，这从根本上决定了 RP 造型的精度极限。另外，直至目前，可供选择的材料有限。

2. 工艺方法

自 1986 年出现至今，世界上已有大约二十多种不同的快速成形方法和工艺，其中比较成熟的有光固化成形法（SLA）、叠层实体制造法（LOM）、激光选区烧结法（SLS）、熔融沉积法（FDM）、三维印刷工艺（3DP）。目前快速成形主要工艺方法及其分类如图 9-17 所示。

3. 快速成形的应用

RP 技术自出现以来，以其显著的时间效益和经济效益受到制造业的广泛关注，并已在航空航天、汽车外形设计、玩具、电子仪表与家用电器塑料件制造、人体器官制造、建筑美工设计、工艺装饰设计制造、模具设计制造等领域展现出良好的应用前景。如美国 PRATT5C WHITNCY 公司采用 RP 技术快速制造了 2 000 个铸件，如按常规方法每个铸件约需要 700 美元，而用此技术每个铸件只需 300 美元，同时，生产时间节约了 70％～90％。

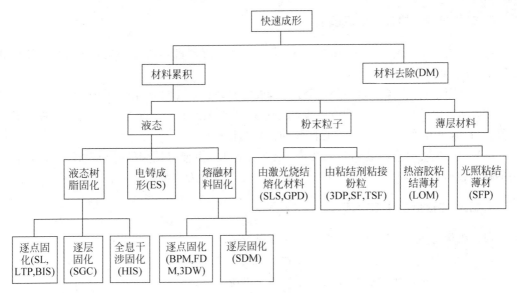

图 9-17 快速成形主要工艺方法及其分类

9.4 安全操作规程

9.4.1 数控机床安全操作规程

1. 安全操作注意事项

(1) 工作时穿好工作服、不允许戴手套操作机床;

(2) 未经允许不得打开机床电器防护门,不要对机内系统文件进行更改或删除;

(3) 操作机床设备时只允许单人操作;

(4) 某一项工作如需要两人或多人共同完成时,应注意相互协调;

(5) 不允许采用压缩空气清理机床、电气柜及 NC 单元;

(6) 未经指导老师同意不得私自开机;

(7) 不允许更改 CNC 系统参数或进行任何参数设定。

2. 工作前的准备工作

(1) 认真检查润滑系统工作是否正常,如机床长时间未开动,可先采用手动方式向各部分供油润滑;

(2) 使用的刀具应与机床允许的规格相符,有严重破损的刀具要及时更换;

(3) 调整刀具所用工具不要遗忘在机床内;

(4) 刀具安装好后应进行一两次试切削;

(5) 加工前要认真检查机床是否符合要求,认真检查刀具是否锁紧及工件固定是否牢靠,要空运行核对程序并检查刀具设定是否正确;

(6) 机床开动前,必须关好机床防护门。

3．工作过程中的安全注意事项

（1）不能接触旋转中的主轴或刀具；测量工件、清理机器或设备时，请先将机器停止运转。

（2）机床运转中，操作者不得离开岗位，机床发现异常现象立即停车。

（3）加工中发生问题时，请按重置键"RESET"使系统复位。紧急时可按紧急停止按钮来停止机床，但在恢复正常后，务必使各轴再复归机械原点。

（4）手动换刀时应注意刀具不要撞到工件、夹具。主轴刀具交换必须通过刀库进行，主轴不在零位时，严禁将刀库摆到换刀位，避免刀库和主轴发生碰撞。

4．工作完成后的注意事项

（1）清除切屑、擦拭机床，使机床与环境保持清洁状态；

（2）检查润滑油、冷却液的状态，及时添加或更换；

（3）依次关掉机床操作面板上的电源和总电源。

9.4.2　数控电火花线切割加工安全操作规程

作为电火花线切割的安全技术规程，主要从两个方面考虑：一方面是人身安全，另一方面是设备安全，具体如下：

（1）操作者必须熟悉线切割机床的操作，禁止未经培训的人员擅自操作机床。开机前按设备润滑要求，对机床有关部位进行注油润滑。

（2）实训时，衣着要符合安全要求：要穿绝缘的工作鞋，女工要戴安全帽，长辫要盘起。

（3）操作者必须熟悉线切割加工工艺，恰当的选取加工参数，按规定顺序操作，防止造成断丝等故障。

（4）在加工的过程中发生短路时，控制系统会自动发出回退指令，开始作原切割路线回退运动，直到脱离短路状态，重新进入正常切割加工。

（5）加工过程中，如果发生断丝，控制系统会立即停止运丝和输送工作液，并发出两种执行方法的指令；一是回到切割起始点，重新穿丝，这时选择反向切割；二是在断丝位置穿丝，继续切割。

（6）正式加工工件之前，应确认工件位置已安装正确，防止碰撞线架和因超程撞坏丝杠、螺母等传动部件。

（7）机床附近不得放置易燃、易爆物品，防止因工作液一时供应不足产生的放电火花引起事故。

（8）加工中严禁用手或者手持导电工具同时接触加工电源的两端电极丝与工件，禁止湿手来按开关，防止工作液等导电物进入电器部分，防止触电事故。

（9）机床发生因电器短路造成火灾时，应首先切断电源，马上使用灭火器来灭火，不得泼水救火。机床周围需存放足够的灭火器材，防止意外引起火灾事故。操作者应知道如何使用灭火器材。

（10）线切割在加工过程中，操作者不能离岗或远离机床，要随时监控加工状态，对加工中的异常现象及时采取相应的处理措施。

（11）停机时，应先停高频脉冲电源，后停工作液，让电极运行一段时间，并等储丝筒反向后再停走丝。工作结束后，关掉总电源，整理和打扫机床，加油润滑机床。

9.4.3　电火花成形加工安全操作规程

（1）电火花成形加工机床应设置专用地线，使电源箱外壳、床身及其他设备可靠接地，防止电气设备绝缘损坏而发生触电。

（2）操作者必须站在耐压 20kV 以上的绝缘板上进行工作，加工过程中不可触碰电极工具。

（3）经常保持机床的清洁，以免受潮降低绝缘强度而影响机床的正常工作。

（4）添加工作介质煤油时，保证油箱要有足够的循环油量，使油温在安全范围内。

（5）加工时，工作液面要高于工件一定距离（30～100mm），预防火灾的发生。

（6）机床周围严禁烟火，应配备专门油类灭火器。

（7）如发生火灾，应立即把电源切断，并用二氧化碳灭火器来灭火，防止事故的扩大。

（8）电火花的电器设备应设置专人负责，其他人员不得擅自操作。

（9）加工完成后，应检查好机床，做好使用情况登记，关好门窗。

9.4.4　激光切割机安全操作规程

（1）遵守一般切割机安全操作规程，严格按照激光器起动程序起动激光器、调光、试机。

（2）操作者须经过培训。

（3）按规定穿戴好劳动防护用品，在激光束附近必须佩戴符合规定的防护眼镜。

（4）在未弄清某一材料是否能用激光照射或切割前，不要对其加工，以免产生烟雾和蒸汽。

（5）设备开机时操作人员不得擅自离开岗位或托人代管，如的确需要离开时应停机或切断电源开关。

（6）要将灭火器放在随手可及的地方；不加工时要关掉激光器或光闸；不要在未加防护的激光束附近放置纸张、布或其他易燃物。

（7）在加工过程中发现异常时，应立即停机、及时排除故障或上报主管人员。

（8）保持激光器、激光头、床身及周围场地整洁、有序、无油污，工件、板材、废料按规定堆放。

（9）使用气瓶时，应避免压坏焊接电线，以免漏电事故发生。气瓶的使用、运输应遵守气瓶监察规程，禁止气瓶在阳光下曝晒或靠近热源。开启瓶阀时，操作者必须站在瓶嘴侧面。

（10）维修时要遵守高压安全规程，每运转 1 天或每周维护、每运转 1 000h 或每六个月维护时，要按照规定和程序进行。

（11）开机后应手动低速 X、Y、Z 轴方向开动机床，检查确认有无异常情况。

（12）对新的工件程序输入后，应先试运行，并检查其运行情况。

（13）工作时，注意观察机床运行情况，以免切割机走出有效行程范围或两台发生碰撞造成事故。

(14) 设备处于自动工作运转中有一定的危险性,绝不可进入安全防护栏。任何操作过程都必须注意安全。无论任何时间进入机器运转范围内部都可能导致严重的伤害。

(15) 送料时一定要看看送料状态,以免板料起拱撞上激光头,后果严重。

(16) 生产运行前要检查所有准备工作是否到位,保护气是否开启,气压是否达到,激光是否处于待命状态,送料机器是否处于自动状态。

复习思考题

1. 填空题

(1) 数控机床按伺服系统控制方式分类,主要有_____、_____、_____等。

(2) 数控机床通常是由_____、_____、_____、_____、_____、_____组成。

(3) 特种加工是直接利用_____、_____、_____、电化学能、化学能、声能及特殊机械能等能量达到_____或_____材料的加工方法。

(4) 常用的固体激光器有_____激光器、_____激光器、_____激光器。

(5) 激光加工设备主要包括电源、_____、_____、_____等部分。

(6) 激光具有_____、_____、_____、方向性好的特点。

(7) 快速成形制造的主要方法主要有_____、层合实体成形制造、_____、_____。

2. 选择题

(1) 按照机床运动的控制轨迹分类,加工中心属于(   )。

    A. 轮廓控制　　　　B. 直线控制　　　　C. 点位控制　　　　D. 远程控制

(2) (   )是机床上的一个固定点。

    A. 参考点　　　　　　　　　　　　B. 换刀点

    C. 工件坐标系原点　　　　　　　　D. 起刀点

(3) (   )代码是国际标准化组织机构制定的用于数控和控制的一种标准代码。

    A. ISO　　　　　B. EIA　　　　　C. G　　　　　D. B

(4) 数控机床中的"CNC"的含义是(   )。

    A. 数字控制　　　　　　　　　　　B. 计算机数字控制

    C. 网络控制　　　　　　　　　　　D. 中国网通

(5) 在数控机床上,确定坐标轴的先后顺序为:(   )。

    A. X 轴—Y 轴—Z 轴　　　　　　B. X 轴—Z 轴—Y 轴

    C. Z 轴—Y 轴—X 轴　　　　　　D. Z 轴—X 轴—Y 轴

(6) 电火花线切割时,如果处于过跟踪状态,应该(   )进给速度。

    A. 减慢　　　　B. 加快　　　　C. 稍微增加　　　　D. 不需要调整

(7) 在特种加工技术中,可用于微孔加工技术的有(   )。

    A. 激光、电子束、离子束　　　　　B. 激光、电子束、电火花

    C. 电子束、离子束、超声　　　　　D. 电子束、激光、电解

(8) 激光具有良好的可(　　　)。

  A. 发散性   B. 聚焦性   C. 平行性

(9) 下列四种成形工艺不需要激光系统的是(　　　)。

  A. SLA   B. LOM   C. SLS   D. FDM

(10) 光固化成形工艺树脂发生收缩的原因主要是(　　　)。

  A. 树脂固化收缩   B. 热胀冷缩

  C. 范德华力导致的收缩   D. 树脂固化收缩和热胀冷缩

3. 简答题

(1) 简述数控机床坐标系及运动方向的规定。

(2) 数控电火花线切割机床型号 DK7625 的含义是什么?

(3) 简述电火花成形加工的原理和电火花加工的机理。

(4) 激光加工有哪些种类?

(5) 激光加工方法使用的场合有哪些?

(6) RP/RPM 技术的主要种类及工作原理是什么?

(7) 快速原型制造方法使用的场合有哪些?

(8) 快速成形工艺过程分为哪三个阶段?

第 10 章

电工基础

问题导入

前面各章介绍了法兰盘的各种加工方法。这些加工所用的机床都需要电源。没有电，机床就运转不起来，也就不可能进行生产加工。图 10-1 所示为 CDE6150A 型车床控制电路图。

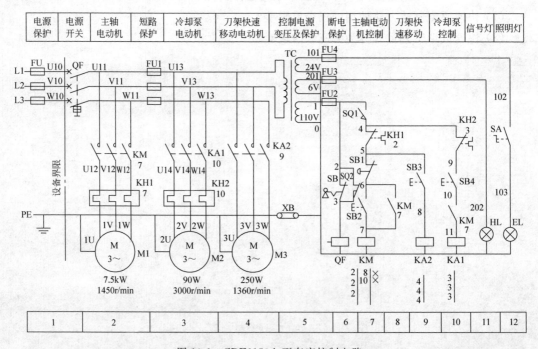

电源保护	电源开关	主轴电动机	短路保护	冷却泵电动机	刀架快速移动电动机	控制电源变压及保护	断电保护	主轴电动机控制	刀架快速移动	冷却泵控制	信号灯	照明灯

1	2	3	4	5	6	7	8	9	10	11	12

图 10-1　CDE6150A 型车床控制电路

电工基础是研究电能在各个技术领域中应用的一门科学技术。电工技术的发展是和电能的应用紧密联系的。在科学技术高速发展的现代社会，无论是国民经济的各行各业，还是人们日常生活中的各种家用电器，都离不开电能的应用。因此，作为当代大学生，我们怎能不掌握一点基本的电工基础知识呢？

10.1 安全用电基本知识

10.1.1 安全用电

1. 人身触电事故

当电流流过人体时对人体内部造成的生理机能的伤害,称之为人身触电事故。电流对人体伤害的严重程度一般与通过人体电流的大小、时间、部位、频率和触电者的身体状况有关。流过人体的电流越大,危险越大;电流通过人体脑部和心脏时最为危险;工频电流危害要大于直流电流。不同电流对人体的影响见表 10-1。

表 10-1 不同电流对人体的影响

电流/mA	通电时间	工频电流	直流电流
		人体反应	人体反应
0～0.5	连续通电	无感觉	无感觉
0.5～5	连续通电	有麻刺感	无感觉
5～10	数分钟以内	痉挛、剧痛,但可摆脱电源	有针刺感、压迫感及灼热感
10～30	数分钟以内	迅速麻痹、呼吸困难、血压升高不能摆脱电流	压痛、刺痛、灼热感强烈,并伴有抽筋
30～50	数秒钟到数分钟	心跳不规则、昏迷、强烈痉挛、心脏开始颤动	感觉强烈,剧痛,并伴有抽筋
50～数百	低于心脏搏动周期	受强烈冲击,但未发生心室颤动	剧痛、强烈痉挛、呼吸困难或麻痹
	低于心脏搏动周期	昏迷、心室颤动、呼吸、麻痹、心脏停搏	

当流过成年人体的电流为 0.7～1mA 时,便能够被感觉到,称之为感知电流。虽然感知电流一般不会对人体造成伤害,但是随着电流的增大,人体反应变得强烈,可能造成坠落事故。触电后能自行摆脱的最大电流称为摆脱电流。对于成年人而言,摆脱电流约在 15mA 以下,摆脱电流被认为是人体在较短时间内可以忍受而一般不会造成危险的电流。在较短时间内会危及生命的最小电流称之为致命电流。当通过人体的电流达到 50mA 以上时则有生命危险。而一般情况下,30mA 以下的电流通常在短时间内不会造成生命危险,我们将其称为安全电流。

触电事故对人体造成的直接伤害主要有电击和电伤两种。电击是指电流通过人体细胞、骨骼、内脏器官、神经系统等造成的伤害。电伤一般是指由于电流的热效应、化学效应和机械效应对人体外部造成的局部伤害,如电弧伤、电灼伤等。此外,人身触电事故经常对人体造成二次伤害。二次伤害是指因为触电引起的高空坠落,以及电气着火、爆炸等对人造成的伤害。

2．人体触电的类型

（1）单相触电：由于电线绝缘破损、导线金属部分外露、导线或电气设备受潮等原因使其绝缘部分的能力降低，导致站在地上的人体直接或间接地与火线接触，这时电流就通过人体流入大地而造成单相触电事故，如图 10-2 所示。

图 10-2　单相触电

（2）两相触电：两相触电是指人体同时触及两相电源或两相带电体，电流由一相经人体流入另一相，此时加在人体上的最大电压为线电压，其危险性最大。两相触电如图 10-3 所示。

（3）跨步电压触电：对于外壳接地的电气设备，当绝缘损坏而使外壳带电，或导线断落发生单相接地故障时，电流由设备外壳经接地线、接地体（或由断落导线经接地点）流入大地，向四周扩散。如果此时人站立在设备附近地面上，两脚之间也会承受一定的电压，称为跨步电压。跨步电压的大小与接地电流、土壤

图 10-3　两相触电

电阻率、设备接地电阻及人体位置有关。当接地电流较大时，跨步电压会超过允许值，发生人身触电事故。特别是在发生高压接地故障或雷击时，会产生很高的跨步电压，如图 10-4 所示。跨步电压触电也是危险性较大的一种触电方式。

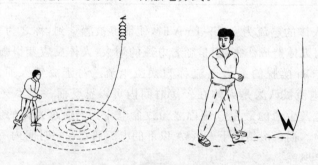

图 10-4　跨步电压触电

此外，除以上三种触电形式外，还有感应电压触电、剩余电荷触电等。

3．人身安全知识

（1）在维修或安装电气设备、电路时，必须严格遵守各项安全操作规程和规定。

（2）在操作前应对所用工具的绝缘手柄、绝缘手套和绝缘靴等安全用具的绝缘性能进

行测试,有问题的不可使用,应马上调换。

(3) 进行停电操作时,应严格遵守相关规定,切实做好防止突然送电的各项安全措施,如锁上刀开关,并悬挂"有人工作,不许合闸"的警告牌等,绝不允许约定时间送电。

(4) 操作时,如果邻近有带电器件,应保证有可靠的安全距离。

(5) 操作人员在进行登高作业前,必须仔细检查登高工具(例如,安全带、脚扣、梯子)是否牢固可靠。未经登高训练的人员,不允许进行登高作业,登高作业时应使用安全带。

(6) 当发现有人触电时,应立即采取正确的抢救措施。

4. 设备运行安全知识

(1) 对于出现异常现象(例如,过热、冒烟、异味、异声等)的电气设备、装置和电路,应立即切断其电源,及时进行检修。只有在故障排除后,才可继续运行。

(2) 对于开关设备的操作,必须严格遵照操作规程进行,合上电源时,应先合隔离开关(一般不具有灭弧装置),再合负荷开关(具有灭弧装置)。分断电源时,应先断开负荷开关,再断开隔离开关。

(3) 在需要切断故障区域电源时,要尽量缩小停电范围。有分路开关的,应尽量切断故障区域的分路开关,避免越级切断电源。

(4) 应避免电气设备受潮,设备放置位置应有防止雨、雪和水侵袭的措施。电气设备在运行时往往会发热,所以要有良好的通风条件,有的还要有防火措施。

(5) 有裸露带电体的设备,特别是高压设备,要有防止小动物窜入造成短路事故的措施。

(6) 所有电气设备的金属外壳,都必须有可靠的保护接地或接零。

(7) 对于有可能被雷击的电气设备,要安装防雷装置。

5. 安全用电常识

(1) 不掌握电气知识和技术的人员,不可安装和拆卸电气设备及电路。

(2) 禁止用一线(相线)一地(接地)安装用电器具。

(3) 开关控制的必须是相(火)线。

(4) 绝不允许私自乱接电线。

(5) 在一个插座上不可接过多或功率过大的用电器。

(6) 不准用铁丝或铜丝代替正规熔体。

(7) 不可用金属丝绑扎电源线。

(8) 不允许在电线上晾晒衣物。

(9) 不可用湿手接触带电的电器,如开关、灯座等,更不可用湿布揩擦电器。

(10) 电视天线不可触及电线。

(11) 电动机和电气设备上不可放置衣物,不可在电动机上坐立,雨具不可挂在电动机或开关等电器的上方。

(12) 任何电气设备或电路的接线桩头均不可外露。

(13) 堆放和搬运各种物资、安装其他设备要与带电设备和电源线相距一定的安全距离。

(14) 在搬运电钻、电焊机和电炉等可移动电器之前,应首先切断电源,不允许拖拉电源线来搬移电器。

(15) 发现任何电气设备或电路的绝缘有破损时,应及时对其进行绝缘恢复。

(16) 在潮湿环境中使用可移动电器,必须采用额定电压为 36V 的低压电器,若采用额定电压为 220V 的电器,其电源必须采用隔离变压器;在金属容器如锅炉、管道内使用移动电器一定要用额定电压为 12V 的低压电器,并要加接临时开关,还要有专人在容器外监护;低压移动电器应装特殊型号的插头,以防插入电压较高的插座上。

(17) 雷雨时,不要接触或走近高电压电杆、铁塔和避雷针的接地导线的周围,不要站在高大的树木下,以防雷电入地时发生跨步电压触电;雷雨天禁止在室外变电所或室内的架空引入线上进行作业。

(18) 切勿走近断落在地面上的高压电线,万一高压电线断落在身边或已进入跨步电压区域时,要立即用单脚或双脚并拢跳到 10m 以外的地方。为了防止跨步电压触电,千万不可奔跑。

10.1.2　接地装置

接地,是利用大地为正常运行、发生故障及遭受雷击等情况下的电气设备等提供对地电流构成回路的需要,从而保证电气设备和人身的安全。因此,所有电气设备或装置的某一点(接地点)与大地之间有着可靠而符合技术要求的电气连接。

1. 基本概念

(1) 接地装置、接地体、接地线:接地装置由接地体和接地线组成,如图 10-5 所示。接地体是埋入地中并和大地直接接触的导体组,它又分为自然接地体和人工接地体。自然接地体是利用与大地有可靠连接的金属管道和建筑物的金属结构作为接地体。人工接地体是利用钢材制成不同形状打入地下而形成的接地体。电气设备接地部分与接地体相连的金属导体称为接地线。

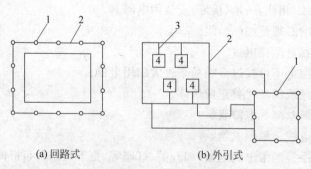

图 10-5　接地装置示意图

1—接地体;2—接地干线;3—接地支线;4—电气设备

(2) 接地短路与接地短路电流:运行中的电气设备或线路因绝缘损坏或老化使其带电部分通过电气设备的金属外壳或架构与大地直接短路时,称为接地短路。发生接地短路时,由接地故障点经接地装置而流入大地的电流,称为接地短路电流(接地电流)I_d。

（3）中性点与中性线：在星形连接的三相电路中，其中三个绕组连在一起的点称为三相电路的中性点。由中性点引出的线称为中性线，如图 10-6 所示。

（4）零点与零线：当三相电路中性点接地时，该中性点成为零点。此时，由零点引出的线称为零线，如图 10-7 所示。

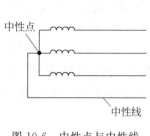

图 10-6　中性点与中性线

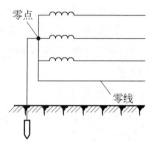

图 10-7　零点与零线

2．电气设备接地的种类

1）工作接地

为了保证电气设备的正常工作，将电路中的某一点通过接地装置与大地可靠地连接起来就称为工作接地。如变压器低压侧的中性点、电压互感器和电流互感器的二次侧某一点接地等，其作用是为了降低人体的接触电压。

2）保护接地

保护接地就是电气设备在正常情况下，不带电的金属外壳以及与它连接的金属部分与接地装置作良好的金属连接。

（1）保护接地原理：在中性点不直接接地的低压系统中带电部分意外碰壳时，接地电流 I_d 通过人体和电网与大地之间的电容形成回路，此时流过故障点的接地电流主要是电容电流。当电网对地绝缘正常时，此电流不大。如果电网分布很广，或者电网绝缘性能显著下降，这个电流可能上升到危险程度，造成触电事故，如图 10-8（a）所示。图中 R_r 为人体电阻，R_b 为保护接地电阻。为避免出现上述危险，可采用图 10-8（b）所示的保护接地方法。这时通过人体的电流仅是全部接地电流 I_d 的一部分 I_r。由于 R_b 与 R_r 是并联关系，在 R_r 一定的情况下，接地电流 I_d 主要取决于保护接地电阻 R_b 的大小。只要适当控制 R_b 的大小（应在 4Ω 以下）即可以把接地电流 I_d 限制在安全范围以内，保证操作人员的人身安全。

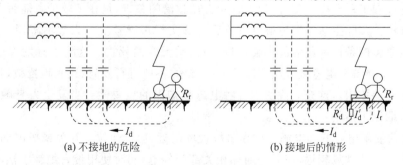

(a) 不接地的危险　　(b) 接地后的情形

图 10-8　保护接地原理

（2）保护接地的应用范围：保护接地适用于中性点不直接接地的电网。在这种电网中,正常情况下与带电体金属部分绝缘,一旦绝缘损坏漏电或感应电压就会造成人员触电的事故,除有特殊规定外均应保护接地。应采取保护接地的设备有：电机、变压器、照明灯具、携带式及移动式用电器具的金属外壳和底座；电器设备的传动机构；室内外配电装置的金属构架及靠近带电体部分的金属围栏和金属门以及配电屏、箱、柜和控制屏、箱、柜的金属框架；互感器的二次线圈；交、直流电力电缆的接线盒、终端盒的金属外壳和电缆的金属外皮；装有避雷线的电力线路的杆和塔。

3）保护接零

所谓保护接零就是在中性点直接接地的系统中,把电器设备正常情况下不带电的金属外壳以及与它相连接的金属部分与电网中的零线作紧密连接,可有效地起到保护人身和设备安全的作用。

保护接零原理如下：

在中性点直接接地系统中,当某相绝缘损坏碰壳短路时,通过设备外壳形成该相对零线的单相短路,短路电流 I_d 能使线路上的保护装置（如熔断器、低压断路器等）迅速动作,从而把故障部分的电源断开,消除触电危险,如图 10-9 所示。

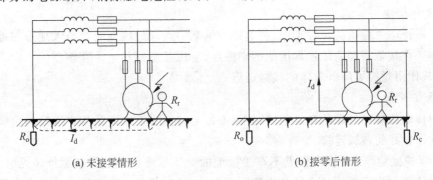

（a）未接零情形　　　　　　　　（b）接零后情形

图 10-9　保护接零原理

10.1.3　触电急救基本操作

1. 触电急救常识

众多的触电抢救实例表明,触电急救对于减少触电伤亡是行之有效的。人触电后,往往会失去知觉或者出现假死。此时,触电者能否被救治的关键,是在于救护者能否及时采取正确的救护方法。实际生活中发生触电事故后能够实行正确救护者为数不多,其中多数事故都具备触电急救的条件和救活的机会,但都因抢救无效而死亡。这除了有发现过晚的因素之外,救护者不懂得触电急救方法和缺乏救护技术,不能进行及时、正确地抢救,是未能使触电者生还的主要原因。这充分说明掌握触电急救知识的重要性。当发生人身触电事故时,应该首先采取以下措施：

（1）尽快使触电者脱离电源。如在事故现场附近,应迅速拉下开关或拔出插头,以切断电源。如距离事故现场较远,应立即通知相关部门停电,同时使用带有绝缘手柄的钢丝钳等切断电源,或者使用干燥的木棒、竹竿等绝缘物将电源移掉,从而使触电者迅速脱离电源。

如触电者身处高处,应考虑到其脱离电源后有坠落、摔跌的可能,所以应同时做好防止人员摔伤的安全措施。如事故发生在夜间,应准备好临时照明工具。

(2) 当触电者脱离电源后,将触电者移至通风干燥的地方,在通知医务人员前来救护的同时,还应现场就地检查和抢救。首先使触电者仰天平卧,松开其衣服和裤带,检查瞳孔是否放大,呼吸和心跳是否存在,再根据触电者的具体情况而采取相应的急救措施。对于没有失去知觉的触电者,应对其进行安抚,使其保持安静。对触电后精神失常的,应防止发生突然狂奔的现象。

2. 急救方法

(1) 对失去知觉的触电者,若呼吸不齐、微弱或呼吸停止而有心跳的,应采用口对口人工呼吸法进行抢救。具体方法是:先使触电者头偏向一侧,清除口中的血块、痰液或口沫,取出口中假牙等杂物,使其呼吸道畅通。急救者深深吸气,捏紧触电者的鼻子,大口地向触电者口中吹气,然后放松鼻子,使之自身呼气,每 5 秒一次,重复进行,在触电者苏醒之前,不可间断。操作方法如图 10-10 所示。

(a) 使触电者平躺并头后仰, 清除口中异物　　　(b) 捏紧触电者鼻子, 贴嘴吹气

图 10-10　口对口人工呼吸法

(2) 对有呼吸而心脏跳动微弱、不规则或心跳已停的触电者,应采用胸外心脏按压法进行抢救。先使触电者头部后仰,急救者跪跨在触电者臀部位置,右手掌置放在触电者的胸上,左手掌压在右手掌上,向下挤压 3~4cm 后,突然放松。挤压和放松动作要有节奏,每秒钟 1 次(儿童 2 秒钟 3 次)。按压时应位置准确,用力适当,用力过猛会造成触电者内伤,用力过小则无效。对儿童进行抢救时,应适当减小按压力度,在触电者苏醒之前不可中断。操作方法如图 10-11 所示。

(a) 急救者跪跨在触电者臀部　(b) 手掌挤压部位　(c) 向下挤压　(d) 突然放松

图 10-11　胸外心脏按压法

(3) 对于呼吸与心跳都停止的触电者的急救,应该同时采用"口对口人工呼吸法"和"胸外心脏按压法"。如急救者只有一人,应先对触电者吹气 3~4 次,然后再挤压一次,如此交替重复进行至触电者苏醒为止。如果是两人合作抢救,则一人吹气一人按压,吹气时应使触电者胸部放松,只可在换气时进行按压。

10.2 常用电工工具及仪表

10.2.1 验电工具的使用

1. 低压验电器

低压验电器又称为电笔，是检测电气设备、电路是否带电的一种常用工具。普通低压验电器的电压测量范围为 60～500V，高于 500V 的电压则不能用普通低压验电器来测量。使用低压验电器时要注意下列几个方面：

（1）使用低压验电器之前，首先要检查其内部有无安全电阻、是否有损坏，有无进水或受潮，并在带电体上检查其是否可以正常发光，检查合格后方可使用，如图 10-12 所示。

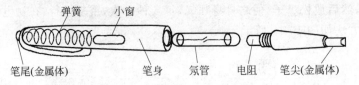

图 10-12 低压验电器的结构

（2）测量时手指握住低压验电器笔身，食指触及笔身尾部金属体，低压验电器的小窗口应该朝向自己的眼睛，以便于观察，如图 10-13 所示。

（3）在较强的光线下或阳光下测试带电体时，应采取适当避光措施，以防观察不到氖管是否发亮，造成误判。

图 10-13 验电器的手持方法

（4）低压验电器可用来区分相线和零线，接触时氖管发亮的是相线（火线），不亮的是零线。它也可用来判断电压的高低。氖管越暗，则表明电压越低，氖管越亮，则表明电压越高。

（5）当用低压验电器触及电机、变压器等电气设备外壳时，如果氖管发亮，则说该设备相线有漏电现象。

（6）用低压验电器测量三相三线制电路时，如果两根很亮而另一根不亮，说明这一相有接地现象。在三相四线制电路中，发生当单相接地现象时，用低压验电器测量中性线，氖管也会发亮。

（7）用低压验电器测量直流电路时，把低压验电器连接在直流电的正负极之间，氖管里两个电极只有一个发亮，氖管发亮的一端为直流电的负极。

（8）低压验电器笔尖与螺钉旋具形状相似，但其承受的扭矩很小。因此，应尽量避免用其安装或拆卸电气设备，以防受损。

2. 高压验电器

高压验电器又称高压测电器，其结构如图 10-14 所示。

使用高压验电器时要注意下列几个方面：

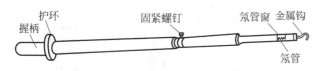

图 10-14 10kV 高压验电器的结构

（1）高压验电器在使用前应经过检查,确定其绝缘完好,氖管发光正常,与被测设备电压等级相适应。

（2）进行测量时,应使高压验电器逐渐靠近被测物体,直至氖管发亮,然后立即撤回。

（3）使用高压验电器时,必须在气候条件良好的情况下进行,在雪、雨、雾、湿度较大的情况下,不宜使用,以防发生危险。

（4）使用高压验电器时,必须戴上符合要求的绝缘手套,而且必须有人监护,测量时要防止发生相间或对地短路事故。

（5）进行测量时,人体与带电体应保持足够的安全距离,10kV 高压的安全距离为 0.7m 以上。高压验电器应每半年作一次预防性试验。

（6）在使用高压验电器时,应特别注意手握部位应在护环以下,如图 10-15 所示。

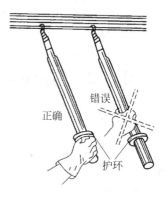

图 10-15 高压验电器的握法

10.2.2 螺钉旋具的使用

螺钉旋具俗称为起子或改锥,主要用来紧固或拆卸螺钉。按头部形状的不同,常用螺钉旋具有一字形和十字形两种,如图 10-16 所示。一字形螺钉旋具用来紧固或拆卸带一字槽的螺钉,其规格用柄部以外的长度来表示。一字形螺钉旋具常用的规格有 50mm、100mm、150mm 和 200mm 等,其中电工必备的是 50mm 和 150mm 两种。十字形螺钉旋具专供紧固或拆卸十字槽的螺钉,常用的规格有 4 个,Ⅰ号适用于螺钉直径为 2～2.5mm,Ⅱ号为 3～5mm,Ⅲ号为 6～8mm,Ⅳ号为 10～12mm。

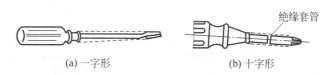

(a) 一字形　　　　　　　(b) 十字形

图 10-16 螺钉旋

使用螺钉旋具时应该注意的几个方面:

（1）螺钉旋具的手柄应该保持干燥、清洁、无破损且绝缘完好。

（2）电工不可使用金属杆直通柄顶的螺钉旋具,在实际使用过程中,不应让螺钉旋具的金属杆部分触及带电体,也可以在其金属杆上套上绝缘塑料管,以免造成触电或短路事故。

（3）不能用锤子或其他工具敲击螺钉旋具的手柄。

螺钉旋具的使用方法,如图 10-17 所示。

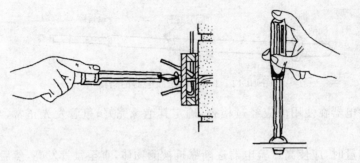

(a) 大螺钉旋具的使用方法   (b) 小螺钉旋具的使用方法

图 10-17　螺钉旋具的使用方法

10.2.3　钢丝钳和尖嘴钳的使用

1. 钢丝钳

钢丝钳主要用于剪切、绞弯、夹持金属导线,也可用作紧固螺母、切断钢丝。其结构和使用方法,如图 10-18 所示。电工应该选用带绝缘手柄的钢丝钳,其绝缘性能为 500V。常用钢丝钳的规格有 150mm、175mm 和 200mm 三种。

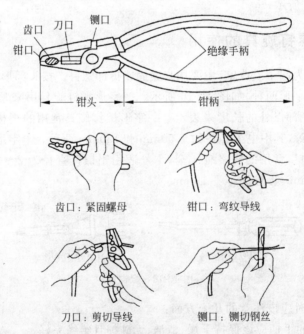

齿口:紧固螺母   钳口:弯纹导线

刀口:剪切导线   铡口:铡切钢丝

图 10-18　钢丝钳的结构及使用方法

使用钢丝钳时应该注意以下几个方面:

(1) 在使用电工钢丝钳以前,首先应该检查绝缘手柄的绝缘是否完好。如果绝缘破损,进行带电作业时会发生触电事故。

(2) 用钢丝钳剪切带电导线时,既不能用刀口同时切断相线和零线,也不能同时切断两根相线。而且,两根导线的断点应保持一定距离,以免发生短路事故。

（3）不得把钢丝钳当作锤子敲打使用,也不能在剪切导线或金属丝时,用锤或其他工具敲击钳头部分。另外,钳轴要经常加油,以防生锈。

2. 尖嘴钳

尖嘴钳的头部尖细,适用于在狭小的工作空间操作。主要用于夹持较小物件,也可用于弯绞导线,剪切较细导线和其他金属丝。电工使用的是带绝缘手柄的一种,其绝缘性能为 500V,外形如图 10-19 所示。

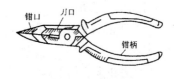

图 10-19　尖嘴钳

尖嘴钳按其全长分为 130mm、160mm、180mm、200mm 四种。

尖嘴钳在使用时的注意事项,与钢丝钳一致。

10.2.4　导线绝缘层的剖削

1. 电工刀

电工刀主要用于剖削导线的绝缘外层,切割木台缺口和削制木材等。其外形如图 10-20 所示。在使用电工刀进行剖削作业时,应将刀口朝外,剖削导线绝缘层时,应使刀面与导线成较小的锐角,以防损伤导线。电工刀使用时应注意避免伤手。使用完毕后,应立即将刀身折进刀柄。因为电工刀刀柄是无绝缘保护的,所以,绝不能在带电导线或电气设备上使用,以免触电。

2. 剥线钳

剥线钳是用于剥除较小直径导线、电缆的绝缘层的专用工具,它的手柄是绝缘的,绝缘性能为 500V。其外形如图 10-21 所示。

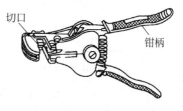

图 10-21　剥线钳

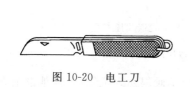

图 10-20　电工刀

剥线钳的使用方法十分简便,确定要剥削的绝缘长度后,即可把导线放入相应的切口中（直径 0.5～3mm）,用手将钳柄握紧,导线的绝缘层被拉断后即自动弹出。

3. 导线绝缘层的剖削

1）对于截面积不大于 $4mm^2$ 的塑料硬线绝缘层的剖削,人们一般用钢丝钳进行,剖削的方法和步骤如下:

（1）根据所需线头长度用钢丝钳刀口切割绝缘层，注意用力适度，不可损伤芯线。

（2）接着用左手抓牢电线，右手握住钢丝钳钳头用力向外拉动，即可剖下塑料绝缘层，如图 10-22 所示。

（3）剖削完成后，应检查线芯是否完整无损，如损伤较大，应重新剖削。塑料软线绝缘层的剖削，只能用剥线钳或钢丝钳进行，不可用电工刀剖。

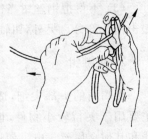

图 10-22　钢丝钳剖削塑料
硬线绝缘层

2）对于芯线截面大于 4mm² 的塑料硬线，可用电工刀来剖削绝缘层。

其方法和步骤如下：

（1）根据所需线头长度用电工刀以约 45°角倾斜切入塑料绝缘层，注意用力适度，避免损伤芯线。

（2）然后使刀面与芯线保持 25°角左右，用力向线端推削，在此过程中应避免电工刀切入芯线，只削去上面一层塑料绝缘。

（3）最后将塑料绝缘层向后翻起，用电工刀齐根切去。操作过程，如图 10-23 所示。

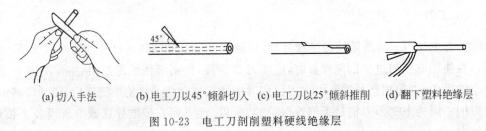

(a) 切入手法　　(b) 电工刀以45°倾斜切入　(c) 电工刀以25°倾斜推削　(d) 翻下塑料绝缘层

图 10-23　电工刀剖削塑料硬线绝缘层

3）塑料护套线绝缘层的剖削必须用电工刀来完成，剖削方法和步骤如下：

（1）首先按所需长度用电工刀刀尖沿芯线中间缝隙划开护套层，如图 10-24(a)所示；

（2）然后向后翻起护套层，用电工刀齐根切去，如图 10-24(b)所示。

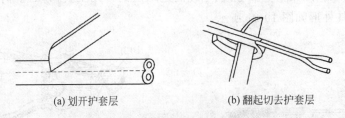

(a) 划开护套层　　　　　　(b) 翻起切去护套层

图 10-24　塑料护套线绝缘层的剖削

（3）在距离护套层 5～10mm 处，用电工刀以 45°角倾斜切入绝缘层，其他剖削方法与塑料硬线绝缘层的剖削方法相同。

4）橡皮线绝缘层的剖削方法和步骤如下：

（1）先把橡皮线编织保护层用电工刀划开，其方法与剖削护套线的护套层方法类同。

（2）然后用剖削塑料线绝缘层相同的方法剖去橡皮层。

（3）最后剥离棉纱层至根部，并用电工刀切去。操作过程，如图 10-25 所示。

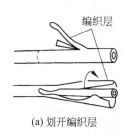
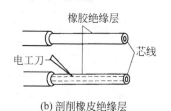

（a）划开编织层　　　　　（b）剖削橡皮绝缘层

图 10-25　橡皮线绝缘层的剖削

10.2.5　电烙铁的使用

焊接前，一般要把焊头的氧化层除去，并用焊剂进行上锡处理，使得焊头的前端经常保持一层薄锡，以防止氧化、减少能耗、导热良好。

电烙铁的握法没有统一的要求，以不易疲劳、操作方便为原则，一般有笔握法和拳握法两种，如图 10-26 所示。

用电烙铁焊接导线时，必须使用焊料和焊剂。焊料一般为丝状焊锡或纯锡，常见的焊剂有松香、焊膏等。

（a）笔握法　　　　　　（b）拳握法

图 10-26　电烙铁的握法

对焊接的基本要求是：焊点必须牢固，锡液必须充分渗透，焊点表面光滑有泽，应防止出现"虚焊""夹生焊"。产生"虚焊"的原因是焊件表面未清除干净或焊剂太少，使得焊锡不能充分流动，造成焊件表面挂锡太少，焊件之间未能充分固定。造成"夹生焊"的原因是烙铁温度低或焊接时烙铁停留时间太短，焊锡未能充分熔化。

10.2.6　万用表的使用

数字万用表具有测量精度高、显示直观、功能全、可靠性好、小巧轻便以及便于操作等优点。

1．面板结构与功能

图 10-27 为 DT-830 型数字万用表的面板图，包括 LCD 液晶显示器、电源开关、量程选择开关、表笔插孔等。

液晶显示器最大显示值为 1999，且具有自动显示极性功能。若被测电压或电流的极性为负，则显示值前将带"－"号。若输入超量程时，显示屏左端出现"1"或"－1"的提示字样。

电源开关（POWER）可根据需要，分别置于"ON"（开）或"OFF"（关）状态。测量完毕，应将其置于"OFF"位置，以免空耗电池。数字万用表的电池盒位于后盖的下方，采用 9V 叠层电池。电池盒内还装有熔丝管，以起过载保护作用。旋转式量程开关位于面板中央，用以选择测试功能和量程。若用表内蜂鸣器作通断检查时，量程开关应停放在标有"·)))"符号的位置。

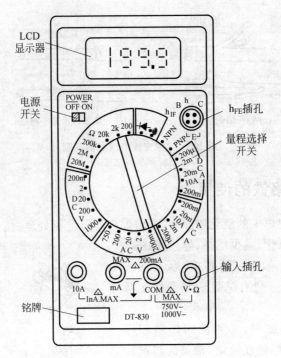

图 10-27　DT-830 型数字万用表面板图

h_{FE} 插口用以测量三极管的 h_{FE} 值时,将其 B、C、E 极对应插入。

输入插口是万用表通过表笔与被测量连接的部位,设有"COM""V·Ω""mA""10A"四个插口。使用时,黑表笔应置于"COM"插孔,红表笔依被测种类和大小置于"V·Ω""mA"或"10A"插孔。在"COM"插孔与其他三个插孔之间分别标有最大(MAX)测量值,如 10A、200mA、交流 750V、直流 1 000V。

2. 使用方法

测量交、直流电压(ACV、DCV)时,红、黑表笔分别接"V·Ω"与"COM"插孔,旋动量程选择开关至合选位置(200mV、2V、20V、200V、700V 或 1 000V),红、黑表笔并接于被测电路(若是直流,注意红表笔接高电位端,否则显示屏左端将显示"-")。此时显示屏显示出被测电压数值。若显示屏只显示最高位"1",表示溢出,应将量程调高。

测量交、直流电流(ACA、DCA)时,红、黑表笔分别接"mA"(大于 200mA 时应接"10A")与"COM"插孔,旋动量程选择开关至合适位置(2mA、20mA、200mA 或 10A),将两表笔串接于被测回路(直流时,注意极性),显示屏所显示的数值即为被测电流的大小。

测量电阻时,无须调零。将红、黑表笔分别插入"V·Ω"与"COM"插孔,旋动量程选择开关至合适位置(200、2k、200k、2M、20M),将两笔表跨接在被测电阻两端(不得带电测量),显示屏所显示数值即为被测电阻的数值。当使用 200MΩ 量程进行测量时,先将两表笔短路,若该数不为零,仍属正常,此读数是一个固定的偏移值,实际数值应为显示数值减去该偏移值。

进行二极管和电路通断测试时,红、黑表笔分别插入"V·Ω"与"COM"插孔,旋动量程开关至二极管测试位置。正向情况下,显示屏即显示出二极管的正向导通电压,单位为 mV

（锗管应在 200～300mV 之间，硅管应在 500～800mV 之间）。反向情况下，显示屏应显示"1"，表明二极管不导通。否则，表明此二极管反向漏电流大。正向状态下，若显示"000"，则表明二极管短路，若显示"1"，则表明断路。在用来测量线路或器件的通断状态时，若检测的阻值小于 30Ω，则表内发出蜂鸣声以表示线路或器件处于导通状态。

进行晶体管测量时，旋动量程选择开关至"h_{FE}"位置（或"NPN"或"PNP"），将被测三极管依 NPN 型或 PNP 型将 B、C、E 极插入相应的插孔中，显示屏所显示的数值即为被测三极管的"h_{FE}"参数。

进行电容测量时，将被测电容插入电容插座，旋动量程选择开关至"CAP"位置，显示屏所示数值即为被测电荷的电荷量。

10.2.7　钳形电流表和兆欧表的使用

1. 钳形电流表的使用方法

钳形表的最基本使用是测量交流电流，虽然准确度较低（通常为 2.5 级或 5 级），但因在测量时无须切断电路，因而使用仍很广泛。如需进行直流电流的测量，则应选用交直流两用钳形表，如图 10-28 所示。

被测导线
次级线圈
手柄

图 10-28　钳形电流表的使用

使用钳形表测量前，应先估计被测电流的大小以合理选择量程。使用钳形表时，被测载流导线应放在钳口内的中心位置，以减小误差；钳口的结合面应保持接触良好，若有明显噪声或表针振动厉害，可将钳口重新开合几次或转动手柄；在测量较大电流后，为减小剩磁对测量结果的影响，应立即测量较小电流，并把钳口开合数次；测量较小电流时，为使该数较准确，在条件允许的情况下，可将被测导线多绕几圈后再放进钳口进行测量（此时的实际电流值应为仪表的读数除以导线的圈数）。

使用时，将量程开关转到合适位置，手持胶木手柄，用食指勾紧铁芯开关，便于打开铁芯。将被测导线从铁芯缺口引入到铁芯中央，然后放松食指，铁芯即自动闭合。被测导线的电流在铁芯中产生交变磁通，表内感应出电流，即可直接读数。

在较小空间内（如配电箱等）测量时，要防止因钳口的张开而引起相间短路。

注意事项：

（1）使用前应检查外观是否良好，绝缘有无破损，手柄是否清洁、干燥。

（2）测量时应戴绝缘手套或干净的线手套，并注意保持安全间距。

（3）测量过程中不得切换挡位。

（4）钳形电流表只能用来测量低压系统的电流，被测线路的电压不能超过钳形表所规定的使用电压。

（5）每次测量只能钳入一根导线。

（6）若不是特别必要，一般不测量裸导线的电流。

（7）测量完毕应将量程开关置于最大挡位，以防下次使用时，因疏忽大意而造成仪表的意外损坏。

2．兆欧表的使用方法

兆欧表大多采用手摇发电机供电，故又称摇表。是电工常用的一种测量仪表。主要用来检查电气设备、家用电器或电气线路对地及相间的绝缘电阻，以保证这些设备、电器和线路工作在正常状态，避免发生触电伤亡及设备损坏等事故。工作原理为由机内电池作为电源经 DC/AC 变换产生的直流高压由 E 极出，经被测试品到达 L 极，从而产生一个从 E 到 L 极的电流，经过 I/V 变换经除法器完成运算，直接将被测的绝缘电阻值由 LCD 显示出来。

1）兆欧表的选用

兆欧表的选用主要考虑两个方面：一是电压等级，二是测量范围。

测量额定电压在 500V 以下的设备或线路的绝缘电阻时，可选用 500V 或 1 000V 的兆欧表。测量额定电压在 500V 以上的设备或线路的绝缘电阻时，可选用 1 000～2 500V 的兆欧表。测量瓷瓶时，应选用 2 500～5 000V 的兆欧表。

兆欧表测量范围的选择主要考虑两点：一方面，测量低压电气设备的绝缘电阻时可选用 0～200MΩ 的兆欧表，测量高压电气设备或电缆时可选用 0～2000MΩ 兆欧表；另一方面，因为有些兆欧表的起始刻度不是零，而是 1MΩ 或 2MΩ，这种仪表不宜用来测量处于潮湿环境中的低压电气设备的绝缘电阻，因其绝缘电阻可能小于 1MΩ，造成仪表上无法读数或读数不准确。

2）使用方法

兆欧表上有三个接线柱，两个较大的接线柱上分别标有 E（接地）、L（线路），另一个较小的接线柱上标有 G（屏蔽）。其中，L 接被测设备或线路的导体部分，E 接被测设备或线路的外壳或大地，G 接被测对象的屏蔽环（如电缆壳芯之间的绝缘层上）或不需测量的部分。兆欧表的常见接线方法如图 10-29 所示。

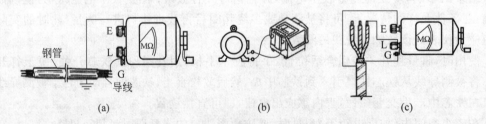

(a)　　　　　(b)　　　　　(c)

图 10-29　兆欧表的接线方法

（1）测量前，要先切断被测设备或线路的电源，并将其导电部分对地进行充分放电。用兆欧表测量过的电气设备，也须进行接地放电，才可再次测量或使用。

（2）测量前，要先检查仪表是否完好。将接线柱 L、E 分开，由慢到快摇动手柄约 1min，使兆欧表内发电机转速稳定（约 120r/min），指针应指在"∞"处；再将 L、E 短接，缓慢摇动手柄，指针应指在"0"处。

（3）测量时，兆欧表应水平放置平稳。测量过程中，不可用手去触及被测物的测量部分，以防触电。

兆欧表的操作方法如图 10-30 所示。

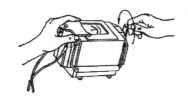

（a）校试兆欧表的操作方法　　　　　　（b）测量时兆欧表的操作方法

图 10-30　兆欧表的操作方法

3）注意事项

（1）仪表与被测物间的连接导线应采用绝缘良好的多股铜芯软线，而不能用双股绝缘线或绞线，且连接线间不得绞在一起，以免造成测量数据不准。

（2）手摇发电机要保持匀速，不可忽快忽慢地使指针不停地摆动。

（3）测量过程中，若发现指针为零，说明被测物的绝缘层可能击穿短路，此时应停止继续摇动手柄。

（4）测量具有大电容的设备时，读数后不得立即停止摇动手柄，否则已充电的电容将对兆欧表放电，有可能烧坏仪表。

（5）温度、湿度、被测物的有关状况等对绝缘电阻的影响较大，为便于分析比较，记录数据时应反映上述情况。

10.3　常见的控制线路

10.3.1　电能表的安装与使用

1. 工作原理

1）单相电能表

当电度表接入被测电路后，被测电路电压 U 加在电压线圈上，在其铁芯中形成一个交变的磁通，这个磁通的一部分 ΦU 由回磁极穿过铝盘回到电压线圈的铁芯中。同理，被测电路电流 I 通过电流线圈后，也要在电流线圈的 U 形铁芯中形成一个交变磁通 Φi，这个磁通由 U 形成铁芯的一端由下至上穿过铝盘，然后又由上至下穿过铝盘回到 U 形铁芯的另一端。电度表的电路和磁路中回磁板是由钢板冲制而成的，它的下端伸入铝盘下部，与隔着铝盘和电压部件的铁芯柱相对应，以便构成电压线圈工作磁通的回路。由于穿过铝盘的两个磁通是交流磁通，而且是在不同位置穿过铝盘，因此就在各自穿过铝盘的位置附近产生感应涡流。这两个磁通与这些涡流的相互作用，便在铝盘上产生推动铝盘转动的转动力矩。

2)三相电能表

三相电度表用于测量三相交流电路中电源输出(或负载消耗)的电能。它的工作原理与单相电度表完全相同,只是在结构上采用多组驱动部件和固定在转轴上的多个铝盘的方式,以实现对三相电能的测量。

2. 实验电路图

1)单相电能表接线(图 10-31)

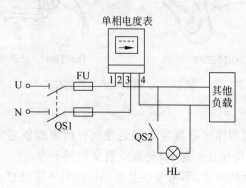

图 10-31　单相电能表接线图

2)三相电能表接线(图 10-32)

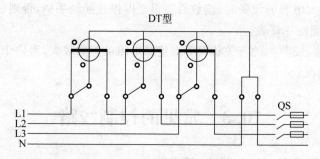

图 10-32　三相电能表接线图

3)安全注意事项

(1)剖削导线时注意不能损伤导线。

(2)导线压接要牢固不能有松动。

(3)电能表安装要牢固,三点固定。

(4)电能表接线应使用两条螺钉压接导线。

(5)通电试验时严格执行带电操作规程。

4)检测与调试

经检查接线无误后,接通交流电源,此时负载照明灯正常发光,电度表的铝盘转动,计度器上的数字也相应转动。若操作中出现不正常故障,则应立即断开电源,分析故障并加以排除后,再进行通电实验。

10.3.2 日光灯的安装

1．日光灯照明线路结构及作用

日光灯照明线路由灯管、镇流器、启辉器、灯座和灯架等组成。

（1）灯管：灯管由玻璃管、灯丝和灯丝引出脚组成，玻璃管内抽成真空后充入少量汞和氩气，管壁涂有荧光粉，灯管两端各有一根灯丝，固定在灯管两端的灯脚上，在灯丝上涂有电子粉，当灯丝通过电流而发热时，便发射出大量电子。

（2）镇流器：镇流器是具有铁芯的电感线圈。它有两个作用：一是在起动时与启辉器配合，产生瞬时高压点燃灯管；二是在工作时利用串联于电路中的高电抗限制灯管电流，防止灯丝因过热而烧断，延长灯管使用寿命。镇流器结构形式分单线圈式和双线圈式两种。使用时应注意镇流器功率必须与灯管功率相符。

（3）启辉器：启辉器又名跳泡，由氖泡、纸介电容器、引线脚和外壳组成，氖泡内装有一个双金属片制成的∩型动触片和一个静触片。并联在氖泡上的电容容量在 5 000pF 左右，它有两个作用：一是与镇流器线圈形成 LC 振荡电路，能延长灯丝的预热时间和维持脉冲放电电压；二是吸收干扰收音机、电视机等电子设备的交流杂波信号。

（4）灯座：一对灯座用来将灯管支撑在灯架上。它有开启式和插入弹簧式两种。在灯座上安装灯管时，对开启式灯座，先将灯管两端灯脚同时卡入灯座的开缝中，再用手握住灯管两端灯头位置旋转约 1/4 圈，灯管的两个引出脚即被弹簧片卡紧，使电路接通。对插入式灯座，先将灯管一端灯脚插入带弹簧的一个灯座，稍用力压住弹簧，另一灯脚趁势插入不带弹簧的灯座。

（5）灯架：灯架用来装置灯座、灯管、镇流器、启辉器等日光灯零部件，有木制和铁制两种，规格应与灯管长度、数量相适应。

2．日光灯工作原理

日光灯工作原理如图 10-33 所示。接通电源后，电压加在动触片（双金属片）和静触片之间，从而产生辉光放电。放电时所产生的热量，使双金属片膨胀延伸，与静触片接通。此时，灯丝上有电流通过，灯丝开始升温预热，使灯管内的氩气游离、水银汽化。在双金属片和静触片接通后，辉光放电停止，双金属片开始冷却收缩，并脱离静触片恢复原状。就在双金属片离开的一瞬间，因电路突然断开，镇流器产生较高的自感电势，灯管两极（灯丝）间的电压突然增大使灯管内的氩气和水银蒸汽产生电离放电现象，形成眼睛看不见的紫外线。紫

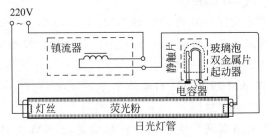

图 10-33 日光灯的工作原理

外线又激发管壁的荧光粉,发出日光似的亮光,因此称为日光灯。灯管点亮后电压总是加在灯管的两端,维持气体放电状态,使灯管连续发光。

3. 安全与工艺

(1) 日光灯照明线路沿线槽走线。

(2) 接点牢固规范。

(3) 开关控制相线。

(4) 通电试车前认真核对电路图,检查线路正确性。

10.3.3　CDE6150A型车床电气控制线路

1. CDE6150A卧式车床的主要运动形式及控制要求

CDE6150A卧式车床的主要运动形式及控制要求如表10-2所示。

表 10-2　卧式车床的主要运动形式及控制要求

运动种类	运动形式	控制要求
主运动	主轴通过卡盘或顶尖带动工件的旋转运动	(1) 主轴电动机选用三相笼型异步电动机,不进行调速,主轴采用齿轮箱进行机械有级调速 (2) 车削螺纹时要求主轴有正反转,一般由机械方法实现,主轴电动机只作单向旋转 (3) 主轴电动机的容量不大,可采用直接起动
进给运动	刀架带动刀具的直线运动	进给运动也由主轴电动机拖动,主轴电动机的动力通过挂轮箱传递给进给箱来实现刀具的纵向和横向进给。加工螺纹时,要求刀具移动和主轴转动有固定的比例关系
辅助运动	刀架的快速移动	由刀架快速移动电动机拖动,该电动机可直接起动,也不需要正反转和调速
	尾架的纵向移动	由手动操作控制
	工件的夹紧与放松	由手动操作控制
	加工过程的冷却	冷却泵电动机和主轴电动机要实现顺序控制,冷却泵电动机也不需要正反转和调速

2. CDE6150A车床电气控制线路(图10-1)分析

1) 主轴及进给电动机M1的控制

由起动按钮SB2、停止按钮SB1和接触器KM1构成电动机单向连续运转起动—停止电路。按下SB2,KM线圈通电并自锁M1单向全压起动,通过摩擦离合器及传动机构拖动主轴正转或反转,以及刀架的直线进给。

停止时,按下SB1时KM断电,M1自动停车。

2) 冷却泵电动机M2的控制

M2的控制由KA1电路实现。主轴电动机起动之后,KM常开辅助触点(10～11)闭合,此时合上开关SB4,KA1线圈通电,M2全压起动。停止时,断开SB4或使主轴电动机

M1 停止,则 KA1 断电,使 M2 自由停车。

3)快速移动电动机 M3 的控制

由按钮 SB3 来控制接触器 KA2,进而实现 M3 的点动。操作时,先将快、慢速进给手柄扳到所需移动方向,即可接通相关的传动机构,再按下 SB3,即可实现该方向的快速移动。

4)保护环节

电动机 M1、M2 由 FU 热继电器 KH1、KH2 实现实现电动机长期过载保护;断路器 QF 实现电路的过流、欠压保护;熔断器 FU、FU1 至 FU6 实现各部分电路的短路保护。此外,还设有 EL 机床照明灯和 HL 信号灯进行刻度照明。

3. CDE6150A 车床常见电气故障分析与检修方法

CDE6150A 车床其他常见电气故障的检修如表 10-3 所示。

表 10-3   CDE6150A 车床其他常见电气故障的检修

故 障 现 象	故 障 原 因	处 理 方 法
主轴电动机 M1 起动后不能自锁,即按下 SB2,M1 起动运转,松开 SB2,M1 随之停止	接触器 KM 的自锁触头接触不良或连接导线松脱	合上 QF,测 KM 自锁触头(6~7)两端的电压,若电压正常,故障是自锁触头接触不良,若无电压,故障是连线(6,7)断线或松脱
主轴电动机 M1 不能停止	KM 主触头熔焊;停止按钮 SB1 被击穿或线路中 5、6 两点连接导线短路;KM 铁芯端面被油垢粘牢不能脱开	断开 QF,若 KM 释放,说明故障是停止按钮 SB1 被击穿或导线短路;若 KM 过一段时间释放,则故障为铁芯端面被油垢粘牢
主轴电动机运行中停车	热继电器 KH1 动作	找出 KH1 动作的原因,排除后使其复位
照明灯 EL 不亮	灯泡损坏;FU4 熔断;SA 触头接触不良;TC 二次绕组断线或接头松脱;灯泡和灯头接触不良等	可根据具体情况采取相应的措施修复

检修注意事项:

(1)在排除故障的过程中,分析思路和排除方法要正确。

(2)用测电笔检测故障时,必须检查测电笔是否符合要求。

(3)不能随意更改线路或带电触摸电器元件。

(4)仪表使用要正确,以避免引起错误判断。

(5)带电检修故障时,必须有教师在现场监护,并要确保用电安全。

(6)排除故障必须在规定的时间完成。

复习思考题

1. 填空题

(1)日光灯照明线路由_____、_____、_____、_____和_____等组成。

（2）电流对人体伤害的严重程度一般与通过人体电流的＿＿＿＿＿、＿＿＿＿＿、＿＿＿＿＿、
＿＿＿＿＿和触电者的身体状况有关。

（3）触电事故对人体造成的直接伤害主要有＿＿＿＿＿和＿＿＿＿＿两种。

（4）开关控制的电路,开关必须接在＿＿＿＿＿线上。

2. 简答题

（1）常见的触电方式有哪几种? 说明防止触电的方法。

（2）万用表测量电阻的步骤是什么?

（3）简述日光灯的工作原理。

铸造工艺实习报告

姓名		学号		学院		成绩	
实验名称	砂型铸造	设备型号		指导教师		学时	
实验目的	（1）了解砂型铸造的生产过程，基本掌握手工两箱造型（整模、分模、挖砂）的工艺方法； （2）了解型（芯）砂的基本组成及其主要性能；分清模样、铸件与零件间的异同； （3）了解分型面、浇注系统的基本概念，能独立完成一般铸件的造型； （4）了解特种铸造的特点和应用范围； （5）熟悉铸造生产的安全要求。						
实验原理	铸造是一种液态金属成形的工艺方法，主要用于生产零件的毛坯。其成形原理是将金属加热熔化，使其具有流动性，然后注入具有一定形状的铸型型腔中，在重力或外力（压力、离心力、电磁力等）的作用下使金属液充满型腔，冷却并凝固成铸件（或零件）的一种金属成形方法。						

1. 填空题

　(1) 铸造是 ＿＿＿＿＿＿＿＿＿＿＿＿＿＿＿＿＿＿＿ 的成形方法。

　(2) 手工造型适用于 ＿＿＿＿＿＿＿＿＿ 生产，主要造型方法 ＿＿＿＿＿＿、＿＿＿＿＿＿、＿＿＿＿＿＿ 和 ＿＿＿＿＿＿ 等。

　(3) 浇注系统主要由 ＿＿＿＿＿＿、＿＿＿＿＿＿、＿＿＿＿＿＿ 和 ＿＿＿＿＿＿ 组成。

　(4) 通常用的坩埚有 ＿＿＿＿＿＿ 坩埚和 ＿＿＿＿＿＿ 坩埚两种。

2. 选择题

　(1) 一般铸铁件造型用型砂的组成是（　　　）。

　　A. 砂子、黏土、附加材料　　　　　　　B. 砂子、水玻璃、附加材

　　C. 砂子、黏土、合脂　　　　　　　　　D. 砂子、水

　(2) 造型时，铸件的型腔是用什么复制的？（　　　）

　　A. 零件　　　　　　B. 模样　　　　　　C. 芯盒　　　　　　D. 铸件

　(3) 造型用的模样，在单件小批量生产条件下，常用什么材料制造？（　　　）

　　A. 铝合金　　　　　B. 木材　　　　　　C. 铸铁　　　　　　D. 橡胶

3. 简述砂型铸造的工艺过程。

4. 浇注前应做好哪些安全保护措施,浇注时应注意哪些操作要领?

实习体会

塑性成形工艺实习报告

姓名		学号		学院		成绩	
实验名称	塑性成形	设备型号		指导教师		学时	
实验目的							

实验目的	(1) 了解锻造实习的意义、内容、安排以及安全操作规范； (2) 锻造时金属加热的目的，锻造温度范围的确定； (3) 自由锻造的应用范围，基本工序及所用设备、工具。
技能目标	(1) 能用火色大致鉴别钢料的始锻温度和终锻温度； (2) 能独立完成简单零件(榔头、毛坯料)自由锻的技术操作。

1. 识别以下手锻工具。

(a) _____ ；　(b) _____ ；　(c) _____ ；

(d) _____ ；　(e) _____

2. 锻件加热有哪几种方法? 简述其加热原理和特点。

3. 记录你所使用过的工具名称,并简述其作用。

实习体会

焊接工艺实习报告

姓名		学号		学院		成绩	
实验 名称	焊接工艺 实习	设备 型号		指导 教师		学时	
实验 目的							
实验 原理							

实验 目的	(1) 基本掌握焊条电弧焊和气焊的操作方法； (2) 了解焊接操作过程中的安全操作要领； (3) 能独立完成简单构件的不同空间位置焊接。
实验 原理	焊接是最主要的连接技术之一。焊接可以定义为同种或异种材质的母材,通过加热或加压或两者并用,用或者不用充填材料,使两块分离的母材形成永久性连接整体的工艺。本实验操作的焊条电弧焊和气焊均属于熔化焊,其工作原理是利用热源将焊件待焊处局部加热至熔化状态,形成熔池(有时需要另加充填金属),然后随着热源的向前移动,熔池液态金属冷却结晶而形成牢固的焊缝。

1. 判断题（正确在括号内打"√",错误在括号内打"×"）

　　(1) 焊条直径越细,选择的焊接电流应越大。（　　　）

　　(2) 低碳钢和低合金结构钢是制作焊接结构件的最主要材料。（　　　）

　　(3) 因为气焊的火焰温度比电弧焊低,加热缓慢,故焊接变形小。（　　　）

2. 选择题

　　(1) 焊条电弧焊时,正常的电弧长度为（　　　）。

　　　　A. 等于焊条直径　　　B. 大于焊条直径　　　C. 小于焊条直径

　　(2) 影响焊缝宽度的主要因素是（　　　）。

　　　　A. 焊接速度　　　　　B. 焊接电流　　　　　C. 焊条直径

　　(3) 对焊 4mm 厚的钢板时,应选择坡口（　　　）。

　　　　A. V 形坡口　　　　　B. X 形坡口　　　　　C. I 形坡口

3. 填空题

　　(1) 焊条由 _____ （其作用① _____ 、② _____ ）和 _____ （其作用① _____ 、② _____ 、③ _____ ）两部分组成,焊条直径根据 _____ 来选择。

　　(2) 焊条弧焊是利用 _____ 产生的 _____ 来熔化母材和焊条的焊接方法。常用的电焊机分为 _____ 和 _____ 两大类。

　　(3) 气焊是利用 _____ 火焰作热源的焊接方法；气焊生产无须 _____ ,故常用于野外作业。

4. 填图题

　　下图所示气焊设备主要由氧气瓶、乙炔瓶、焊炬、乙炔减压器、回火防止器对组成,试写出各主要组成部分的名称和作用。

气焊设备

实习体会

车削加工工艺实习报告

姓名		学号		学院		成绩	
实验名称	普通车削加工	设备型号		指导教师		学时	

实验目的	(1) 了解车削加工基础知识；了解车削的工艺特点和应用范围。 (2) 熟悉普通车床组成及用途；了解车床安全操作技术。 (3) 了解刀具材料的性能和要求；熟悉常用车刀的结构和安装。 (4) 正确调整和操作车床,正确使用刀具、夹具和量具,独立完成简单零件的车削。 (5) 熟悉车削加工的安全要求和设备维护。
实验原理	在车床上用金属刀具去除材料的方法称为车削加工,它是生产中最基本、用途最广的加工方法主要用于加工各种回转体(如轴、套、盘类)上的表面。车削加工时工件旋转做主运动,刀具做直线和曲线移动为进给运动,进给方式不同得到的表面形状就不同。选用不同的刀具和切削用量时,可获得不同的加工精度,故分为粗车、半精车以及精车。

1. 判断题(正确在括号内打"√",错误在括号内打"×")

(1) 车床的转速越快,则进给量也越大。(   )

(2) 安装车刀时,为了操作方便刀杆要尽可能伸得长一些。(   )

(3) 车床的切削速度越高,则主轴的转速一定越高。(   )

(4) 加工余量的分配与工序性质有关。一般粗加工时余量大,精加工时余量小。(   )

(5) 要改变车床主轴转速,必须停车进行。(   )

(6) 在车床上用丝杠带动溜板箱时,可实现机动进给车外圆。(   )

2. 填空题

(1) 安装车刀时,刀尖应对准工件的_____ 。

(2) 车削是利用工件的_____运动和刀具相对工件的_____运动来完成切削加工的。前者称为_____运动,后者称为_____运动。

3. 选择题

(1) 车床通用夹具中能够实现自动定心的是(   )。

    A. 三爪卡盘　　　　B. 四爪卡盘　　　　C. 花盘　　　　D. 顶尖

(2) 车刀上切屑流过的表面称为(   )。

    A. 切削平面　　　　B. 前刀面　　　　C. 主后刀面　　　　D. 副后刀面

(3) 车削台阶面的车刀,其主偏角应为(   )。

    A. 75°　　　　B. 90°　　　　C. 97°　　　　D. 45°

(4) 车端面时,车刀从工件圆周表面向中心走刀,其切削速度是(   )。

    A. 不变的　　　　B. 逐渐增加　　　　C. 逐渐减少

4. 综合题

(1) 标出图示车床上相应部件的名称

1 _____ ; 2 _____ ; 3 _____ ; 4 _____ ; 5 _____ ; 6 _____ ;

7 _____ ; 8 _____ ; 9 _____ ; 10 _____ ; 11 _____

(2) 画出你在车床上所车削的零件的零件图,写出零件材料,制订出加工顺序。

实习体会

铣削、磨削加工实习报告

姓名		学号		学院		成绩	
实验名称	铣削、磨削加工	设备型号		指导教师		学时	

实验目的	(1) 了解铣削、磨削的工艺特点和应用范围； (2) 了解牛头刨床曲柄摇杆机构的工作原理及其运动特点； (3) 在牛头刨床上正确安装刀具与工件，并掌握刨平面、垂直面的方法和步骤； (4) 了解常用铣床和刀具的分类及用途；尝试选择加工不同表面时，所用机床和刀具； (5) 熟悉卧式铣床和立式铣床的结构特点，并掌握铣削简单零件表面的方法； (6) 熟悉所用机床的安全操作要领及人身与设备保护措施。

1. 判断题（正确在括号内打"√"，错误在括号内打"×"）

(1) 铣刀的切削速度方向与工件的进给方向相同时称为顺铣。（   ）

(2) 铣床主轴的转速越高，则铣削速度越大。（   ）

(3) 工件从定位到夹紧的全过程，称为安装，使工件定位和夹紧的装置称为夹具。（   ）

(4) 磨削薄壁套时，砂轮粒度应粗些，硬度应软些，以减少磨削力与磨削热。（   ）

2. 选择题（单选题）

(1) 逆铣与顺铣相比较，其优点是（   ）。

    A. 工作台运动稳定　　　　　　　　B. 加工精度高

    C. 散热条件好

(2) 铣削铸铁脆性金属或用硬质合金铣刀铣削时，一般（   ）切削液。

    A. 加　　　　　　　　　　　　　　B. 不加

    C. 加润滑为主的切削液　　　　　　D. 加冷却为主的切削液

(3) 常用金刚石砂轮磨削（   ）

    A. 40CR　　　　　B. 硬质合金　　　　　C. 45　　　　　D. Q235　　　　　E. 陶瓷

3. 请比较磨削加工和铣削加工两者的不同之处。

实习体会

钳工实习报告

姓名		学号		学院		成绩	
实验名称	钳工实习	设备型号		指导教师		学时	
实验目的	(1) 正确使用划线工具,掌握平面和立体划线方法。 (2) 掌握锯削和锉削的基本知识及应用范围,能熟练使用工具和量具。 (3) 掌握钻孔、攻螺纹和套螺纹的基本知识、操作方法和应用。 (4) 独立完成有一定精度要求的零件(或作品)的加工。						
实验原理	钳工以手工操作为主,使用各种相对简单的工具和设备来完成工件的加工、装配、修理和调试等工作。钳工优点是加工方式灵活多样,生产中有时产品装配或设备维修中不便或难于用机械加工完成的工作,只能用钳工来完成。缺点是劳动强度大,生产效率低。随着制造技术的发展,如电动工具的使用,钳工机械化程度正在不断提升。						

1. 判断题(正确在括号内打"√",错误在括号内打"×")

(1) 划线是机械加工的重要工序,广泛用于成批和大量生产。(　　)

(2) 锯削时,一般锯条切削长度不应小于锯条总长度的 2/3。(　　)

(3) 锯削时,只要锯条安装正确就能够顺利地进行锯削。(　　)

(4) 锉削时,不应用于手去摸被锉表面,以防伤手和再锉时锉刀打滑。(　　)

(5) 锉削外圆弧面时,锉刀在向前推进的同时,还应绕工件圆弧中心摆动。(　　)

2. 选择题(单选题)

(1) 图 8-35 所示圆柱体工件,采用一次装夹划端面的十字线,工件应装在(　　)。

    A. 虎钳上　　　　　　　　B. V 形铁上

    C. 方箱上　　　　　　　　D. 带 V 形槽的千斤顶上

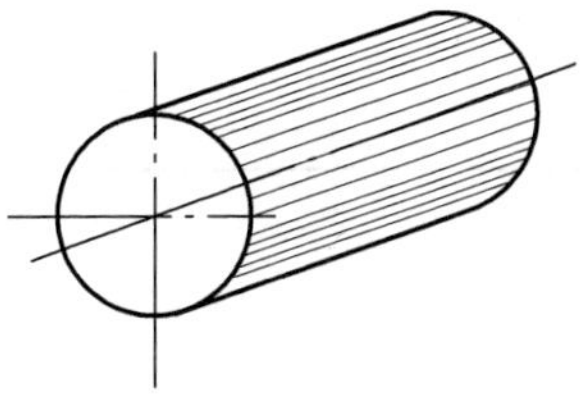

图 8-35

(2) 锯削厚工件时应选用(　　)。

    A. 粗齿锯条　　　B. 中齿锯条　　　C. 细齿锯条

(3) 锉削余量较大平面时,应采用(　　)。

    A. 顺向锉法　　　B. 交叉锉法　　　C. 推锉法　　　D. 任意锉法

(4) 锯削薄壁圆管时应采用(　　)。

    A. 一次装夹锯断　　　　　　B. 锯到圆管当中翻转 180°,二次装夹后锯断

    C. 每锯到圆管内壁时,将圆管沿推锯方向转一个角度,装夹后逐次进行锯削

(5) 平板锉适宜锉削(　　)。

    A. 内凹曲面　　　　　　　　B. 圆孔

    C. 平面和外凸曲面　　　　　D. 方孔

3. 目前市场上有很多种电动工具,请选出 1～2 种适用于钳工实习基本操作的。

4. 你怎么理解"最精密的机械出自钳工之手"这句话？

实习体会

先进制造技术实习报告

姓名		学号		学院		成绩	
实验名称	先进制造技术	设备型号		指导教师		学时	
实验目的	(1) 了解数控加工技术； (2) 了解特种加工技术。						
实验设备	数控车床、数控铣床、线切割机床、电火花成形加工机床、激光加工设备、3D打印机						

1. 填空题

(1) 数控机床通常是由_____、_____、_____、_____、_____和机床本体组成。

(2) 按工艺用途分,切削加工类数控机床主要有_____、_____、_____、数控镗床、数控平面磨床和_____等。

(3) 特种加工类数控机床主要有_____、_____、_____、数控激光热处理机床、数控激光板料成形机床、_____等。

(4) 电火花线切割加工是在_____基础上发展起来的一种新加工工艺,是用线状电极(铜丝或钼丝)靠_____对工件进行切割,故称为电火花线切割,有时简称_____。

(5) 激光加工指的是_____。

(6) 增材制造有大约二十多种不同的成形方法和工艺,其中比较成熟的有_____法、叠层实体制造法(LOM)、_____、_____和三维印刷工艺(3DP)。

(7) SLS技术是指_____技术。

2. 问答题

(1) 增材制造技术的发展趋势是什么?

(2) 说明一种先进设备由几大部分组成,它们分别是什么?

实习体会

电工基础实习报告

姓名		学号		学院		成绩	
实验名称	日光灯工作原理	设备型号		指导教师		学时	
实验目的	(1) 了解人体触电的类型和危害,掌握电工基本安全知识; (2) 了解触电急救知识及掌握各种急救方法; (3) 熟练掌握低压验电器的使用方法; (4) 熟练掌握万用表的使用方法; (5) 了解日光灯的工作原理,并熟练掌握日光灯电路的连接。						
实验原理	日光灯工作原理:接通电源后,电压加在动触片(双金属片)和静触片之间,从而产生辉光放电。放电时所产生的热量,使双金属片膨胀延伸,与静触片接通。此时,灯丝上有电流通过,灯丝开始升温预热,使灯管内的氩气游离、水银汽化。在双金属片和静触片接通后,辉光放电停止,双金属片开始冷却收缩,并脱离静触片恢复原状。就在双金属片离开的一瞬间,因电路突然断开,镇流器产生较高的自感电势,灯管两极(灯丝)间的电压突然增大使灯管内的氩气和水银蒸汽产生电离放电现象,形成眼睛看不见的紫外线。紫外线又激发管壁的荧光粉,发出日光似的亮光,因此称为日光灯。灯管点亮后电压总是加在灯管的两端,维持气体放电状态,使灯管连续发光。						

1. 判断题(正确在括号内打"√",错误在括号内打"×")

(1) 工频电流危害要小于直流电流。(   )

(2) 在较短时间内会危及生命的最小电流称之为致命电流。(   )

(3) 所有电气设备的金属外壳,都必须有可靠的保护接地或接零。(   )

(4) 任何电气设备或电路的接线桩头均不可外露。(   )

(5) 对失去知觉的触电者,若呼吸不齐、微弱或呼吸停止而有心跳的,应采用口对口人工呼吸法进行抢救。(   )

2. 选择题

(1) 使用高压验电笔进行测量时,人体与带电体应保持足够的安全距离,10kV高压的安全距离为(   )以上。高压验电器应每半年作一次预防性试验。

    A. 8m   B. 1m   C. 10m   D. 0.7m

(2) 对于截面积不大于 $4mm^2$ 的塑料硬线绝缘层的剥削,人们一般用(   )进行。

    A. 电工刀   B. 剥线钳   C. 钢丝钳

(3) 塑料护套线绝缘层的剥削必须用(   )来完成。

    A. 电工刀   B. 剥线钳   C. 钢丝钳

(4) 万用表测量交、直流电压(ACV,DCV)时,红、黑表笔分别接(   )插孔。

    A. "V·Ω"与"COM"   B. "COM"与"V·Ω"   C. "20A"与"COM"

(5) 镇流器是具有铁芯的(   )。它有两个作用:一是在起动时与启辉器配合,产生瞬时高压点燃灯管;二是在工作时利用串联于电路中的高电抗限制灯管电流,防止灯丝因过热而烧断,延长灯管使用寿命(   )。

    A. 电阻   B. 电感线圈   C. 电容

3. 简答题

简述触电急救的步骤。

实习体会

参 考 文 献

[1] 卢达溶.工业系统概论[M].北京:清华大学出版社,2005.
[2] 王益祥,陈安明,王雅.互换性与测量技术[M].北京:清华大学出版社,2012.
[3] 王运炎.机械工程材料[M].北京:机械工程出版社,2008.
[4] 丁晓东.工程实践教学规程[M].北京:机械工业出版社,2014.
[5] 周卫民.工程训练通识教程[M].北京:科学出版社,2013.
[6] 韦相贵,等.金工实习指导书[M].北京:中国铁道出版社,2014.
[7] 北京机械工程学会,铸造专业学会.铸造技术数据手册[M].北京:机械工业出版社,1996.
[8] 铸造工程师手册组.铸造工程师手册[M].北京:机械工业出版社,1996.
[9] 魏德强,吕汝金,刘建伟.机械工程训练[M].北京:清华大学出版社,2016.
[10] 张木青,于兆勤.机械制造工程训练[M].广州:华南理工大学出版社,2010.
[11] 陈宇 郎敬喜.普通铣床操作与加工实训[M].北京:电子工业出版社,2015.
[12] 冯之敬.机械制造工程原理[M].北京:清华大学出版社,2008.
[13] 刘科高,等.工程训练指导书[M].北京:化学工业出版社,2014.
[14] 麻艳.钳工工艺与技能训练[M].北京:中国劳动社会保障出版社,2007.
[15] 郑勐,雷小强.机电工程训练基础教程[M].2版.北京:清华大学出版社,2015.
[16] 王志海.机械制造工程实训及创新教育[M].北京:清华大学出版社,2014.
[17] 曾海泉,等.工程训练与创新实践[M].北京:清华大学出版社,2015.
[18] 王广春,赵国群.快速成形与快速模具制造技术及其应用[M].北京:机械工业出版社,2008.
[19] 刘伟军,等.快速成形技术及应用[M].北京:机械工业出版社,2005.
[20] 朱世范.机械工程训练[M].哈尔滨:哈尔滨工程大学出版社,2003.
[21] 蔡厚道,吴志伟,熊建强.数控加工技术基础实训教程[M].长沙:中南大学出版社,2013.
[22] 冯文杰.数控加工实训教程[M].重庆:重庆大学出版社,2008.
[23] 郑堤.数控机床与编程[M].北京:机械工业出版社,2012.
[24] 梁燕清.电工作业[M].北京:电子工业出版社,2013.
[25] 周卫星.电工工艺实习[M].北京:中国电力出版社,2005.

参考文献